普通高等教育"十三五"规划教材

基础有机化学实验

主　编　段永正
副主编　宋明芝　谢　彦　李长海

U0352899

北　京
冶金工业出版社
2020

内 容 简 介

本书根据教育部高等院校教学基本要求，在地方本科院校基础有机化学实验教学实践基础上编写而成。全书共分4章，分别介绍了基础有机化学实验的基本知识、基本实验、常见有机化合物的验证实验以及开放实验，共计36个实验项目。实验选编重视绿色化和微型化原则，强化分离和纯化操作训练，实验步骤层次分明，实验内容体现地方高校化学、化工以及生物专业特色，同时反映教师有关教学科研成果。实验后附思考题，便于学生在学习过程中掌握关键性操作及实验方法；书后附录可供学生进一步查阅相关资料。

本书为高等学校基础有机化学课程实验教材，也可供相关领域的工程技术人员参考。

图书在版编目 (CIP) 数据

基础有机化学实验/段永正主编 . —北京：冶金工业出版社，2020. 8

普通高等教育"十三五"规划教材

ISBN 978-7-5024-8574-0

Ⅰ. ①基…　Ⅱ. ①段…　Ⅲ. ①有机化学—化学实验—高等学校—教材　Ⅳ. ① O62-33

中国版本图书馆 CIP 数据核字（2020）第 141202 号

出 版 人　陈玉千
地　　址　北京市东城区嵩祝院北巷 39 号　邮编　100009　电话　(010)64027926
网　　址　www.cnmip.com.cn　电子信箱　yjcbs@cnmip.com.cn
责任编辑　高　娜　宋　良　美术编辑　吕欣童　版式设计　孙跃红　禹　蕊
责任校对　石　静　责任印制　禹　蕊
ISBN 978-7-5024-8574-0
冶金工业出版社出版发行；各地新华书店经销；三河市双峰印刷装订有限公司印刷
2020 年 8 月第 1 版，2020 年 8 月第 1 次印刷
148mm×210mm；5.5 印张；162 千字；168 页
28.00 元
冶金工业出版社　投稿电话　(010)64027932　投稿信箱　tougao@cnmip.com.cn
冶金工业出版社营销中心　电话　(010)64044283　传真　(010)64027893
冶金工业出版社天猫旗舰店　yjgycbs.tmall.com
（本书如有印装质量问题，本社营销中心负责退换）

前　言

"基础有机化学实验"是化学、化工和生物类各专业必修的一门基础实验课程，是"基础有机化学"课程教学环节的重要组成部分，为课堂教学提供实验支撑；目的是训练学生的实验操作技能，验证基础有机化学理论教学中所学知识，培养学生选择合理的有机合成方法和分离、鉴定手段，以及分析和解决实际问题的能力；同时也为培养学生正确的学习和思维方法，树立辩证唯物主义世界观，打下科学的基础。

全书分为4章：第1章为基础有机化学实验基本知识；第2章为基本实验；第3章为常见有机化合物的验证实验，实验均采用半微量操作，体现绿色合成思想；第4章为开放实验，这部分实验应在具备基础和综合性实验技能的基础上展开，以学生为主体，要求学生能综合应用所学知识及多种实验技能，解决有一定难度的实验问题，这有利于学生个性的全面发展和学生潜能的充分发挥，是实现素质教育的良好途径。本书为研究设计性实验提供了一种模板，教师可根据实际情况与科研选题相联系，实现科研与教学相互融合渗透。

本书的编写，遵循循序渐进的学习规律，实验编排从简单到复杂，由浅入深，立足基础，面向综合性，加强实用性。

本书由段永正任主编，宋明芝、谢彦和李长海任副主编。第 1 章由谢彦编写，第 2 章和附录部分由宋明芝编写，第 3 章由段永正编写，第 4 章由李长海编写。全书由段永正统稿审定。

本书的编写和出版工作，得到滨州学院学科建设（化学工程一流学科）经费的资助，在此表示感谢。

由于编者水平有限，书中不当之处，恳请读者批评指正。

编　者

2020 年 4 月

目　　录

1 基础有机化学实验的基本知识

基础有机化学是一门以实验为基础的学科，基础有机化学实验是基础有机化学教学环节的重要组成部分。

基础有机化学实验教学的基本任务，是通过实验使学生掌握基本实验操作，培养学生正确使用仪器、正确记录和表达实验结果的能力，以及认真观察实验现象，通过分析判断和一定逻辑推理，得到正确结论的能力。做实验也是培养学生正确的学习和思维方法，为树立辩证唯物主义世界观打下科学的基础。

1.1 基础有机化学实验室规则

为确保实验顺利进行，学生必须遵守下列规则：

（1）认真阅读实验教材以及相关参考资料，完成预习报告。

（2）提前十分钟进入实验室，做好实验准备工作，并提交预习报告。

（3）常用仪器放入柜中，临时性增补仪器放在台面，各班同学轮流使用。每次实验后，指导教师检查清点仪器，如有缺少或破损按相关规定进行处理。

（4）实验中严格按操作规程操作，如要改变或重做，必须经指导老师同意。

（5）随时保持实验台面的整洁和干燥，不是立即要用的仪器，应保存在柜内。合理布局实验台面的仪器装置。

（6）必须穿纽扣齐全的棉质实验服进入实验室。实验过程中不得喧哗，不得擅自离开实验室。实验室内不能吃东西，一切实验药品均不得入口。实验结束，应仔细洗手。

（7）实验中要认真、仔细观察实验现象，如实、及时地做好记录，不得任意修改、伪造或抄袭他人实验结果。实验完成后，需将实验记录交给指导老师审阅、签字，若是合成实验，需将产品交给老师验收，并将产品回收统一保管。课后，按时提交实验报告。

（8）公用仪器用完后，做好清洁并放回原处。取完药品后，及时盖好盖子，保持实验台清洁。液体样品一般在通风橱中量取，固体样品一般在称量台上称取。

（9）爱护仪器，节约药品，节约使用水、电、燃气。实验仪器和药品不得私自带出实验室。

（10）用过的酸碱应倒入指定的废液缸内，固体废物（如沸石、棉花、滤纸等）不能丢入水槽或地面，应放在实验台一固定处，实验结束后一起清除。

（11）实验结束后，将个人实验台面打扫干净，清洗玻璃仪器并放回原来位置，拔掉电源插头。请指导老师检查后方可离开实验室。

（12）轮流值日，其职责为整理公用仪器、药品，保持好实验室卫生，并协助管理人员检查水、电、气、窗是否关闭。值日生做完值日后应报告老师，经老师检查允许后，方可离开实验室。

1.2　基础有机化学实验室安全知识

基础有机化学实验中，经常会接触到易燃、易爆、有毒和有腐蚀性的化学药品，有的化学反应还具有一定的危险性，且经常使用水、电和各种加热用具（如酒精灯、酒精喷灯和电热套等），学生必须在思想上充分重视安全问题。因此，实验前应充分了解有关安全注意事项，实验过程中严格遵守操作规程，以避免或减少事故发生。

下面介绍实验室的一般注意事项和实验室事故的预防和处理。

1.2.1　一般注意事项

（1）实验开始前应检查仪器是否完整无损，装置是否安装正确，在征得指导教师同意之后，方可进行实验。

（2）在进行实验时，应仔细观察、认真思考、如实记录，不得随意离开岗位。要时刻注意化学反应进行的情况是否正常，装置有无漏气和破裂等现象，以便及时排除各种事故隐患。

（3）进行有可能发生危险的实验时，要根据实验情况采取必要的安全措施，如佩戴防护眼镜、面罩或橡皮手套等，有些实验应在通风橱内进行。

（4）使用易燃、易爆药品时，应远离火源。

（5）熟悉安全用具如灭火器材、沙桶以及急救药箱的放置地点和使用方法，并妥善保管。安全用具和急救药品不准移作他用。

（6）常压蒸馏和回流反应，禁止在密封体系中操作，一定要保持与大气相接通。

1.2.2 实验室事故的预防

1.2.2.1 火灾的预防

实验室中使用的有机溶剂大多数是易燃的，而且多数有机反应往往需要加热，因此，着火是有机实验室常见的事故之一，应尽量不用明火直接加热。

对于火灾的预防有下列注意事项。

（1）在操作易燃溶剂时要特别注意：

1）应使易燃药品尽可能远离火源，采取各种措施防止有机溶剂的蒸气外泄。因为大多有机化合物蒸气的密度比空气大，会下沉流动，聚集于地面低处，遇到丢弃的未熄灭的火柴等，会引起燃烧。

2）切勿在敞口容器中（如烧杯、蒸发皿等）存放、加热或蒸煮易燃溶剂（如乙醇、乙醚、乙酸乙酯等）。此外，易燃溶剂不能直接倒入废物缸。

3）加热时，必须选择正确的加热方法，切勿使容器密闭。

4）实验室冰箱内不得存储过量易燃有机溶剂，防止冰箱电火花引发大面积着火、爆炸。

5）在反应中添加或转移有机溶剂时，若不小心将液体洒出瓶外，应及时熄灭或远离火源。在使用明火时，应养成先将易燃物质移开的习惯。

（2）蒸馏装置不能漏气，如发现漏气，应立即停止加热，检查原因。若塞子被腐蚀，则待其冷却后，才能更换。接收瓶应为窄口容器。从蒸馏装置尾接管排出来的尾气出口应远离火源，最好用橡皮管引入下水道或室外。

（3）蒸馏或回流易燃低沸点液体时，一定要谨慎从事。特别是低沸点易燃溶剂，在室温时即具有较大的蒸气压。当空气中混杂易燃有机溶剂的蒸气达到某一极限时，若采用油浴加热蒸馏或回流时，必须避免由于冷凝用水溅入热油浴中致使油外溅到热源上而引起火灾的危险，因此，橡皮管要紧密套入冷凝管侧管。此外，要缓慢开动水阀开关，使通入冷凝管内的水慢慢流动。

表 1-1 列出了常用易燃溶剂蒸气爆炸极限。

表 1-1　常用易燃溶剂蒸气爆炸极限

名　称	沸点/℃	闪燃点/℃	爆炸极限（体积分数）/%
甲醇	65.0	11	6.72~36.5
乙醇	78.5	12	3.3~18.9
乙醚	34.5	−45	1.8~36.5
丙酮	56.2	−17.5	2.5~12.8
苯	80.1	−11	1.4~7.1

（4）当有大量可燃性液体需要处理时，应在通风橱中或在指定地点操作，室内应无火源。

（5）燃着或者带有火星的火柴或纸条等不得随意丢弃，更不得丢入废物缸中。

1.2.2.2　爆炸的预防

基础有机化学实验室一般预防爆炸的措施如下：

仪器装置必须正确安装，不能造成密闭体系，应使装置与大气相连通。减压蒸馏时，不能用平底烧瓶、锥形瓶和薄壁试管等不耐压容器作为接收瓶或反应瓶，而应选用圆底烧瓶或抽滤瓶作为接收瓶。无论常压蒸馏还是减压蒸馏，均不能将液体蒸干，以免局部过热或产生过氧化物而发生爆炸。加压操作时，应经常注意釜内压力是否超过安全负荷，选用封管的玻璃管厚度是否适当、管壁是否均匀，并要采取一定的防护措施。

切勿使易燃易爆的气体如氢气、乙炔等接近火源。表 1-2 列出了一些易燃气体爆炸极限。

表1-2 易燃气体爆炸极限

气 体		体积分数/%
氢气	H_2	4~74
一氧化碳	CO	12.5~74.2
氨	NH_3	15~27
甲烷	CH_4	4.5~13.1
乙炔	$CH \equiv CH$	2.5~80

1.2.2.3 中毒的预防

大多数化学药品都具有一定的毒性，表1-3列出了急性毒性的五个等级。中毒主要是通过呼吸道和皮肤接触有毒物品而对人体造成危害。许多化合物对人体有不同程度的毒害，在没有真正了解某一化合物的性质之前，应作为有毒物质来对待处置。

表1-3 急性毒性的五个等级

毒性级别名称	$LD_{50}/mg \cdot kg^{-1}$（大鼠经口）	$LD_{50}/mg \cdot kg^{-1}$（大鼠吸入）	$LD_{50}/mg \cdot kg^{-1}$（兔经皮时）	对人的可能致死量	
				$/g \cdot kg^{-1}$	总量 $/g \cdot (60kg 体重)^{-1}$
剧毒	<1	<10	<5	0.05	0.1
高毒	1~50	10~100	5~44	0.05~0.5	3
中等毒	50~500	100~1000	44~350	0.5~5	30
低毒	500~5000	1000~10000	350~2180	5~15	250
微毒	>5000	>10000	>2180	>15	<1000

预防中毒应做到：

（1）称量药品时应使用工具，不得直接用手接触。称量后应及时清洗用过的器皿。

（2）试剂取完后立即盖好盖子，以防止其蒸气大量挥发，并保持空气流通，使空气中有毒气体的浓度降至允许浓度以下。

（3）剧毒药品应妥善保管，实验中所用的剧毒物质应有专人负责收发，并向使用毒物者提出必须遵守的操作规程。实验后的有毒残渣必须做妥善而有效的处理。

（4）有些剧毒物质会渗入皮肤，因此，接触这些物质时必须戴橡皮手套操作；操作后应立即洗手，切勿让剧毒药品触及五官或伤口。

1.2.2.4 事故处理

（1）着火：一旦发生着火事故，要保持镇静。首先拉下电闸并迅速移开附近的易燃物，熄灭附近的火源。少量有机溶剂的着火，可用湿布、石棉布覆盖熄火。玻璃仪器内溶剂着火时，最好用大块石棉布盖熄，而不用砂土灭火，以防打碎仪器引起更大面积着火。切记不可用水灭火，若火势较大，则使用泡沫灭火器灭火。电器设备着火，应先拉下电闸，再用四氯化碳灭火器（一定要注意通风，防止中毒！）或二氧化碳灭火器灭火。灭火时，应从火的四周开始向中心扑灭。衣服着火时，应立即脱下着火衣服，将火扑灭，切勿惊慌乱跑，以防火焰扩大。情况危急时，也可就地打滚，盖上毛毯，或用水冲淋，使火熄灭。

金属钠、钾、镁、铝粉、电石、过氧化钠着火，应用干沙灭火。比水轻的易燃液体，如汽油、苯、丙酮等着火，可用泡沫灭火器。有灼烧的金属或熔融物的地方着火时，应用干沙或干粉灭火器。

（2）灼伤：浓酸、浓碱等灼伤时，立即用大量自来水冲洗，然后按以下方式处理：酸灼伤时，水冲洗后用3%~5%碳酸氢钠（或肥皂水、稀氨水）溶液处理，涂上凡士林或其他药物；碱灼伤时，水冲洗后用1%乙酸或5%硼酸溶液处理，涂凡士林或其他药物。一旦酸碱溅入眼内，应用大量水冲洗，再用1%碳酸氢钠溶液或1%硼酸溶液冲洗，最后用水清洗。

（3）烫伤：轻者可用稀甘油、万花油、蓝油烃等涂抹患处；重者可用蘸有饱和苦味酸溶液（或饱和高锰酸钾溶液）的棉球或纱布敷患处，必要时到医院处理，切忌用水冲洗。

（4）创伤：玻璃、铁屑等刺伤时，先取出异物，再用3%过氧化氢溶液（或红汞、碘酒等）涂抹、包扎。如遇出血过多或刺入的异物太深，应到医院处理。

（5）毒物误入口内：可取5mL或10mL稀硫酸铜溶液，加入一杯温水中，内服后用食指伸入咽喉，促使呕吐，然后立即送医院治疗。

（6）人体触电：应立即切断电源，或用非导体将电线从触电者身上移开。如有休克现象，应将触电者移到有新鲜空气处，立即进行人工呼吸，并请医生到现场抢救。

1.3 基础有机化学实验常用的仪器和设备

1.3.1 基础有机化学实验室常用的玻璃仪器

玻璃仪器一般是由软质或硬质玻璃制作而成的。软质玻璃耐温和耐腐蚀性较差，但价格便宜，一般用它制作的仪器均不耐温，如普通漏斗、量筒、吸滤瓶和干燥器等。硬质玻璃具有较好的耐温和耐腐蚀性，制成的仪器可在温度变化较大的情况下使用，如烧瓶、烧杯和冷凝管等。

玻璃仪器一般分为普通非磨口和标准磨口两种。在实验室，常用的普通非磨口玻璃仪器有非磨口锥形瓶、烧杯、布氏漏斗、吸滤瓶和普通漏斗等。常用标准磨口仪器有磨口锥形瓶、圆底烧瓶、三口瓶、蒸馏头、冷凝管和尾接管等，如图1-1所示。

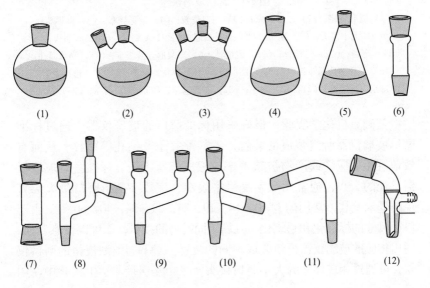

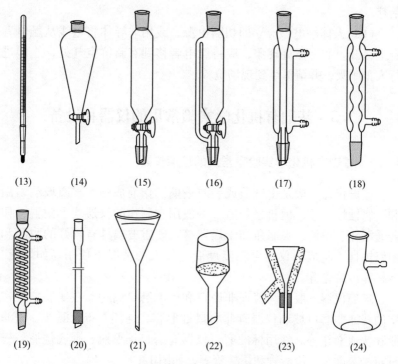

(13)　　(14)　　(15)　　(16)　　(17)　　(18)

(19)　　(20)　　(21)　　(22)　　(23)　　(24)

图 1-1　常用玻璃仪器

（1）圆底烧瓶；（2）二口烧瓶；（3）三口烧瓶；（4）梨形烧瓶；（5）锥形瓶；
（6）大小接头；（7）接头；（8）克氏蒸馏头；（9）Y型管；（10）蒸馏头；
（11）弯管；（12）尾接管；（13）温度计；（14）梨形分液漏斗；（15）滴液漏斗；
（16）恒压滴液漏斗；（17）直形冷凝管；（18）球形冷凝管；（19）蛇形冷凝管；
（20）空气冷凝管；（21）长颈漏斗；（22）布氏漏斗；（23）保温漏斗；（24）抽滤瓶

　　基础有机化学实验，最好采用标准磨口的玻璃仪器。通过标准磨口玻璃仪器所组装成的装置，省却配塞子及钻孔等手续，从而有效地避免反应物或产物被软木塞或橡皮塞所污染。标准磨口玻璃仪器口径的大小，通常用数字编号来表示，该数字是指磨口最大端直径的毫米整数，常用的有 10，14，19，24，29，34，40，50 等。由于口径尺寸的标准化和系统化，凡属于同类型的接口，均可以任意互换，利用相应的玻璃仪器可组装成不同的装置。对不同类型规格的磨口仪器，可通过相应尺寸的大小磨口接头使之相互连接。学生实验中使用的常量玻璃仪器一般是 19 口，半微量实验采用的是 14 口。

使用磨口仪器时应注意以下几点：

（1）使用时应轻拿轻放。

（2）不能用明火直接加热玻璃仪器（试管除外），加热时应垫以石棉网。

（3）玻璃仪器使用后应及时清洗，特别是标准磨口仪器，放置时间太久，容易粘结在一起，很难拆开。如果发生此情况，可用热水煮粘结处或用电吹风吹母口处，使其膨胀而脱落，还可用木槌轻轻敲打粘结处。

（4）带旋塞或具塞的仪器清洗后，应在塞子和磨口的接触处夹放纸片或抹凡士林，以防粘结。

（5）标准磨口仪器磨口处要干净，不得粘有固体物质。清洗时应避免用去污粉擦洗磨口，否则会使磨口连接不紧密，甚至会损坏磨口。

（6）安装仪器时应做到横平竖直，磨口连接处不应受歪斜的应力，以免仪器破裂。

（7）一般使用时，磨口处无须涂润滑剂，以免粘有反应物或产物。但是反应中使用强碱时，则要涂润滑剂，以免磨口连接处因碱腐蚀而黏结在一起而无法拆开。减压蒸馏时，应在磨口连接处涂润滑剂，保证装置密封性良好。

（8）使用温度计时，应注意不要用冷水冲洗处于热环境下的温度计以免炸裂，尤其是水银球部位，应待温度计冷却至室温后再冲洗。不能用温度计搅拌液体或固体物质，以免破损。

1.3.2 基础有机化学实验常用机电设备

1.3.2.1 电热套

电热套是用内含电热丝的玻璃纤维所编织成的帽状加热器（见图 1-2）。电热套的加热温度可通过控制调压变压器来实现，最高温度可达 400℃ 左右。电热套不是明火，并且具有较高的热效率，是基础有机化学实验中一种简便、安全的加热装置。电热套主要用做回流加热的热源，烧瓶的容积与电热套的容积相匹配。若进行蒸馏操作时，应选用比烧瓶容积大一号的电热套，并且在蒸馏过程中，随着瓶内物质逐渐减少，适当降低电热套下面升降台的高度，从而有效地避免蒸馏物被烤焦的现象。

1.3.2.2　烘箱

烘箱用来干燥玻璃仪器或烘干无腐蚀性、加热不分解的药品（见图 1-3）。挥发性易燃物或以酒精、丙酮淋洗过的玻璃仪器不能放入烘箱内，以免发生爆炸。

图 1-2　电热套　　　　　　　　　　图 1-3　烘箱

一般干燥玻璃仪器时应先沥干，待无水滴下时才放入烘箱，进行升温加热，将温度控制在 100~120℃。实验室中的烘箱是公用仪器，往烘箱里放置玻璃仪器时，应自上而下依次放入，以免残留的水滴流下使已烘热的玻璃仪器炸裂。取出烘干后的仪器时，应用干布衬手，以免烫伤。取出后的热玻璃仪器，若自行冷却，器壁常会凝结水汽，可用电吹风吹入冷风，使其快速冷却。

1.3.2.3　气流烘干器

气流烘干器是借助热空气将玻璃仪器烘干的一种设备（图 1-4），其特点是快速方便。将玻璃仪器插入风管上，5~10min 后仪器即可烘干。气流烘干器不宜长时间加热，以免烧坏电机以及电热丝。

1.3.2.4　电动搅拌器

电动搅拌器是基础有机化学实验常用的机械搅拌装置，通过变速器或外接调压变压器可任意调节搅拌速度（图 1-5）。在开启时，应逐渐升速，且搅拌速度不能太快，以免液体溅出。关闭时应逐渐减速，直至停止。在运行时不能超负荷运转，也不能运转时无人照看。电动搅拌器的轴承应经常加油保持润滑，以保证搅拌器的正常运转。

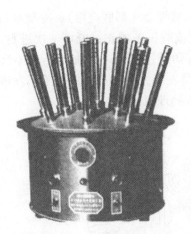

图 1-4 气流烘干器

图 1-5 电动搅拌器

1.3.2.5 磁力搅拌器

磁力搅拌器是由一根以聚四氟乙烯密封的软铁（磁棒）和一个可旋转的磁铁组成（图 1-6）。将磁棒投入盛有欲搅拌反应物的容器中，将容器置于内有旋转磁场的搅拌器托盘上，接通电源，由于内部磁铁旋转使磁场发生变化，容器内磁棒亦随之旋转从而达到搅拌

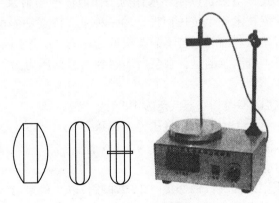

图 1-6 磁力搅拌器

的目的。一般的磁力搅拌器（如 79-1 型磁力搅拌器）都有控制磁铁转速的旋钮及可控制温度的加热装置。

1.3.2.6　旋转蒸发仪

旋转蒸发仪由马达带动可旋转的蒸发器（圆底烧瓶）、冷凝器和接收器组成（图 1-7），能够在常压或减压下操作；既可一次进料，又可分批吸入蒸发料液。由于蒸发器的不断旋转，不加沸石也不会暴沸。蒸发器旋转时，会使料液的蒸发面大大增加，加快了蒸发速度。因此，它是浓缩溶液、回收溶剂的理想装置。

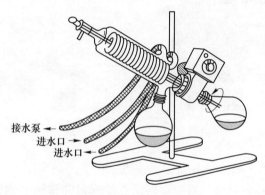

接水泵 ←
进水口 ←
进水口 ←

图 1-7　旋转蒸发仪

1.3.2.7　循环水式真空泵

循环水式真空泵是以循环水作为工作流体的喷射泵（图 1-8）。它是利用射流技术产生负压而设计的一种泵，特点是体积小和节约水。在进行减压蒸馏时，若不需要很低的压力，一般用水泵降低体系压力即可。应注意的是，水泵所能达到的最低压力为当时室温下的水蒸气压。

如：水温 8℃时，水蒸气压为 1kPa；

水温 15℃时，水蒸气压为 1.7kPa；

水温 25℃时，水蒸气压为 3.2kPa。

使用时应注意：

（1）真空泵抽气口最好接一个缓冲瓶，以免停泵时，水被倒吸入反应瓶中，使反应失败。

（2）开泵前，应检查是否与体系连接好，然后打开缓冲瓶上的旋塞。开泵后，用旋塞调至所需要的真空度。关泵时，先打开缓冲瓶上的旋塞，拆掉与体系的接口后再关泵，切忌相反操作。

（3）应经常补充和更换水泵中的水，以保持水泵的清洁和真空度。

1.3.2.8 油泵

油泵是实验室常用的减压设备（图1-9）。在进行减压蒸馏时，若需要较低的压力（如小于1.33kPa）或室温较高时，则需用油泵。油泵的效能通常取决于油泵的机械结构及泵油的好坏，一般使用精炼的高沸点矿物油为泵油。在用油泵进行减压蒸馏时，溶剂、水和酸性气体会对泵油造成污染，使泵油的蒸气压增加，从而降低真空度，同时，这些气体会引起泵体的腐蚀。为了保护泵和油，需要在蒸馏装置和油泵之间安装冷却阱、安全防护和污染防护装置；另外还需要连接测压装置，以测量蒸馏体系的压力（图1-10）。

图1-8　循环水式真空泵　　　　　图1-9　油泵

1.3.2.9 电子天平

电子天平是基础有机化学实验室常用的称量设备，尤其在微量和半微量实验中经常用到。电子天平不需要砝码，称量时直接将样品放置到秤盘中，电子显示器可直接显示具体的质量。根据用途的不同，显示精度有0.1g、0.01g、0.001g、0.0001g几种规格。电子天平具有简单易懂的操作界面，以及称量迅速、准确和方便等优点。

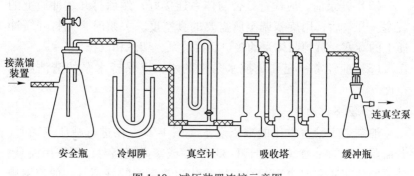

图 1-10　减压装置连接示意图

1.4　玻璃仪器的洗涤与干燥

1.4.1　常用玻璃仪器的洗涤

　　基础有机化学实验中，为了避免杂质混入反应物中，实验用仪器必须清洁。虽然去污粉中的研磨料微小粒子对洗涤过程有帮助，但有时这种微小粒子会黏附在玻璃器皿壁上，不易被水冲走，此时可用 2% 的盐酸洗涤一次，再用自来水清洗。

　　有时器皿壁上的杂物需用有机溶剂洗涤，因为残渣很可能溶于某种有机溶剂。丙酮是洗涤玻璃仪器时常用的溶剂，但价格较贵，有时可用废丙酮。洗涤时，要用尽量少的有机溶剂。用溶剂洗涤后的玻璃仪器，有时需用洗涤液和水洗涤，以除去残留的试剂。尤其是用诸如四氯化碳或氯仿之类的含氯有机溶剂洗涤后，须用水继续洗涤。

　　若采用有机溶剂洗涤，仍然不能把顽固的黏附在玻璃仪器上的残渣或斑迹洗净，这时要利用洗涤液。常用的洗涤液是由 35mL 重铬酸钾（钠）的饱和水溶液溶于 1L 浓硫酸制备，配制时应把浓硫酸加到重铬酸盐溶液中。

　　当使用洗涤液时，将少量洗涤液在玻璃仪器中旋摇数分钟，然后将残余洗涤液倒入废液瓶，再用大量水冲洗仪器和下水道。必须制止盲目使用各种化学试剂和有机溶剂来清洗仪器，这样不仅造成浪费，而且有时还可能带来危险。

有机实验室中常用超声波清洗器来洗涤玻璃仪器。在洗涤时利用声波的振动和能量清洗仪器，既省时又方便，还能有效地清洗焦油状物。特别是对一些手工无法清洗的物品，以及粘有污垢的物品，其清洗效果是人工清洗无法代替的。

若用于精制产品，或供有机分析用的仪器，则需要用蒸馏水摇洗，以除去自来水冲洗时所带入的杂质。

1.4.2　常用玻璃仪器的干燥、使用和保养

1.4.2.1　干燥

（1）晾干：非急用的玻璃仪器，在洗净后瓶口向下放置，使其中水流尽，放置在干燥架上晾干。

（2）烘干：洗净的仪器可放在烘箱内烘干，烘箱温度为105～110℃烘1h左右，也可放在红外灯干燥箱中烘干。这些方法适用于一般仪器。带实心玻璃塞的及厚壁仪器烘干时，要注意慢慢升温并且温度不可过高，以免破裂。称量瓶等仪器在烘干后要放在干燥器中冷却和保存。量器不可放于烘箱中干燥。硬质试管可用酒精灯加热烘干，在烘干时要从底部烤起，并把管口向下以免水珠倒流把试管炸裂，烘至无水珠后，把试管口向上继续加热。

（3）吹干：如急需用少量干燥仪器，可用气流烘干器或电吹风吹干。

（4）用有机溶剂干燥：急需用的仪器，可将仪器中水倒尽后，再加入少量95%乙醇或丙酮荡洗几次，然后再用吹风机吹干或用水泵抽去残留溶剂，即可立即使用。

1.4.2.2　使用

基础有机化学实验的各种反应装置都是由一件件玻璃仪器组装而成的，实验中应根据实验要求选择合适的仪器。一般选择仪器的原则如下：

（1）烧瓶的选择。根据液体的体积而定，一般液体的体积应占容器体积的1/3～1/2，也就是说烧瓶容积的大小应是液体体积的1.5

倍。进行水蒸气蒸馏和减压蒸馏时，液体体积不应超过烧瓶容积的1/3。

（2）冷凝管的选择。一般情况下，回流用球形冷凝管，蒸馏用直形冷凝管。但是当蒸馏温度超过140℃时，应改用空气冷凝管，以防温差较大时，由于仪器受热不均匀而造成冷凝管断裂。

（3）温度计的选择。实验室一般备有150℃和300℃两种温度计，根据所测温度选用不同的温度计。一般选用的温度计的量限要高于被测温度10~20℃。

1.4.2.3　保养

有机化学实验所用各种玻璃仪器的性能是不同的，必须掌握它们的性能、保养和洗涤方法，才能正确使用。下面介绍几种常用玻璃仪器的保养和清洗方法。

（1）温度计。温度计水银球部位的玻璃很薄，容易破损，使用时要特别小心：不能用温度计当搅拌棒使用；不能测定超过温度计的最高刻度的温度；不能把温度计长时间放在高温的溶剂中，否则，会使水银球变形，读数不准。

温度计用后要让它慢慢冷却，特别在测量高温之后，切不可立即用水冲洗。否则，会破裂，或水银柱断裂。应将其悬挂在铁架台上，待冷却后把它洗净抹干，放回温度计盒内。盒底要垫上一小块棉花。如果是纸盒，放回温度计时要检查盒底是否完好。

（2）冷凝管。冷凝管通水后很重，所以安装冷凝管时，应将夹子夹在冷凝管的重心处，以免翻倒。洗刷冷凝管时要用特制的长毛刷，如用洗涤液或有机溶液洗涤时，则用软木塞塞住一端。冷凝管不用时，应直立放置。

（3）分液漏斗。分液漏斗的活塞和盖子都是磨砂口的，若非原配的，就可能不严密，所以，使用时要注意保护。另外，各个分液漏斗之间也不要相互调换，用后一定要在活塞和盖子的磨砂口间垫上纸片，以免日久后难以打开。

（4）砂芯漏斗。砂芯漏斗在使用后应立即用水冲洗，否则难以洗净。滤板不太稠密的漏斗，可用强烈的水流冲洗；如果是较稠密的，则用抽滤的方法冲洗，必要时用有机溶剂洗涤。

1.5　简单玻璃工操作

在基础有机化学实验中，常常需要多种不同角度的弯管，以及直径不同的毛细管、滴管和搅拌棒等用品。因此，掌握一些简单的玻璃工操作技术，具有一定的实用价值，同时也是必备的基本实验技能之一。

1.5.1　玻璃管的切割和圆口

将一定长度的玻璃管平放在桌子的边缘上，左手按住要切割的部位（玻璃管的中部），右手用锉刀的棱边在要切割的部位用力向前或向后锉一下（注意：只能朝一个方向锉，不可来回锉）。当锉出一个深而短的凹痕时，用两手的拇指在凹痕后轻轻向后一折，玻璃管即断为两节。

玻璃管切割面的边缘很锋利，易割破皮肤、衣物和胶管等，所以必须对其进行圆口处理。具体方法是将刚割断的玻璃管倾斜45°，断口放在火焰的外焰中灼烧，同时不断转动玻璃管，直至管口变为平滑，取出玻璃管放在石棉网上冷却。将割断的玻璃管断口放在喷灯火焰上灼烧，使其平滑，这一过程叫圆口。

1.5.2　玻璃管的弯曲

进行大角度玻璃管弯曲时，先将两端圆口的玻璃管用小火预热一下，然后双手平握玻璃管，放在火焰中加热。受热长度约为3~5cm。加热时要缓慢而均匀地转动玻璃管，转动应朝一个方向进行，且双手应保持一定距离，以防玻璃管软化时发生扭曲、拉伸或缩短。当玻璃管加热到发黄变软时，即可从火焰中取出，等1~2s后，两手向上向里轻托，准确地弯成所需角度（见图1-11）。

进行小角度玻璃管弯曲时，应分几次弯成。为防止弯曲处有缺陷，可用胶塞或手指堵住一端管口，在另一端适当吹气，使管径均匀。在做第二、第三次弯曲时，应在第一次受热部位的偏左或偏右处进行加热和弯曲。

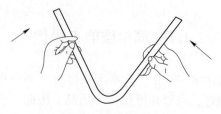

图 1-11　玻璃管的弯曲

玻璃管制作时注意问题：

初学者容易出现的问题有弯曲部分变细了，扭曲了，瘪了等。为此，须注意以下 3 点：

（1）加热部分要稍宽些，同时要不时转动使其受热均匀。

（2）不能一面加热一面弯曲，一定要等玻璃管烧软后离开火焰后再弯。弯曲时，两手用力要均匀，不能有扭力、拉力和推力。

（3）玻璃管弯曲角度较大时，不能一次弯成，先弯曲一定角度，将加热中心部位稍偏离原中心部位，再加热弯曲，直至达到所要求的角度为止。

1.5.3　玻璃管的拉制和玻璃棒的制作

（1）拉制玻璃管时，加热的方法与弯曲玻璃管时相同，但加热的时间应稍长些，受热面积稍窄些。待玻璃管烧成红黄色时，即可从火焰中取出，顺着水平方向向两边拉伸，同时均匀转动玻璃管。拉至所需细度后，可以一手持玻璃管，使它竖直下垂一会儿，然后放平冷却，按需要截断，并将断面圆口。

用拉伸的玻璃管安上胶帽，即可制成滴管。

（2）将长约 40cm 的玻璃棒在其中间部位用锉刀截断，在火焰中圆口，即制得玻璃棒。

1.6　加热与冷却技术

1.6.1　加热

一般情况下，化学反应的速度随温度的升高而加快。大体上反应温度每升高 10℃，反应速度就会增加一倍。在基础有机化学实验中，最常用的加热方法是间接加热的方法（如电热套），而直接用火焰加热玻璃器皿的方法则很少被采用，因为剧烈的温度变化和不均匀的加热会造成玻璃仪器破损，引起燃烧甚至爆炸事故的发生。另外，由于系局部过热，还可能引起部分有机化合物的分解。为了避免直接加热带来的问题，加热时可根据液体的沸点、有机化合物的特征和反应要求，选用适当的加热方法：

（1）水浴。水浴是最安全和方便的热源，当所需加热温度在80℃以下时，大多可用水浴加热。

（2）空气浴。电热套加热是简便的空气浴加热，能从室温加热到 300℃左右。它的优点是安全、方便。用加热套加热时，必须注意温度控制，稍微疏忽就会导致升温过高，从而影响反应的进行。

（3）油浴。油浴是在结晶皿或陶瓷皿中加入油并安置电热丝，然后再和调压变压器连接，有时也利用电磁搅拌来保持油浴温度均匀。油浴所用的油有甘油、植物油和石蜡油（适于 150℃以下的加热）和硅油等。实验室最好使用硅油，其加热温度在 80~250℃之间。油浴使用方便安全，容器内的反应物受热均匀。

（4）沙浴。当加热温度在 250~350℃时，应采用沙浴。但由于沙浴有温度分布不均匀、传热慢和散热太快的缺点，所以使用范围有限。

（5）盐浴。用铁锅装等量比的硝酸钾及硝酸钠混合物即为盐浴，使用温度范围为 220~680℃。注意：盐浴中切勿溅入水；用过后的盐浴，冷却后保存于干燥器中。

1.6.2 冷却

根据一些实验对低温的要求，在操作中需使用致冷剂。以下几种情况下应使用致冷剂：

（1）某些反应的中间体在室温下是不稳定的，这时反应需在特定的低温条件下进行，如重氮化反应，一般在 0~5℃下进行。

（2）反应放出大量的热，需要降温来控制反应速率。

（3）为了降低固体物质在溶剂中的溶解度，以加速结晶的析出。

（4）为了减少损失，把一些沸点很低的有机物冷却。

（5）高度真空蒸馏装置。

低于室温的反应、分离和提纯等，可用水浴、冰水浴、冰盐浴。液氮或干冰和溶剂的混合物则适用于极低温度进行的反应。液氮和溶剂混合物的制备，是在搅拌下将液氮慢慢倒入有机溶剂中直至形成油膏状，即为所需冷却剂。在使用时，可随时添加液氮以保持冷却温度。干冰和有机溶剂也可配制成冷却剂，制备时将干冰碎块加入溶剂中即可，操作时应经常添加干冰以保持冷却。常用的冷却剂见表1-4。

表1-4　常用冷却剂的组成及其达到温度

冷却剂	温度/℃	冷却剂	温度/℃
碎冷（或冰-水）	0	液氮-甲苯	−95
碎冰（3份）−氯化钠（1份）	−20	干冰-乙醚	−100
干冰-四氯化碳	−30	液氮-乙醚	−116
液氮-氯苯	−45	液氮-异戊烷	−160
干冰-乙醇	−72	液氮	−196
干冰-丙酮	−78		

1.7　搅拌与搅拌器

搅拌是基础有机化学实验常用的基本操作。当反应在均相溶液中进行时，一般可以不用搅拌，因为加热时溶液存在一定程度的对流，从而保持液体各部分均匀地受热。如果是非均相反应，或反应物之一系逐渐滴加时，或者反应产物为固体时，搅拌可以使物料迅速地、均匀地混合，避免因局部过浓、过热而导致其他副反应发生或有机物的分解，从而使反应顺利地进行。在许多合成实验中，使用搅拌装置不但能较好地控制反应温度，而且能缩短反应时间和提高产率等。

1.7.1 人工搅拌

人工搅拌一般借助于玻璃棒进行。过程简单、反应时间不长且反应体系无有毒气体产生的实验，可以采用人工搅拌。若在搅拌的同时还需控制温度，可利用橡皮圈将玻璃棒与温度计固定一起，并使温度计稍微向上提起，以防搅拌过程中温度计水银球破裂。

1.7.2 机械搅拌

机械搅拌是利用机械搅拌器进行。在复杂、反应时间较长且反应体系会产生有毒气体的实验，可采用机械搅拌。机械搅拌器主要包括三部分：电动机、搅拌棒和搅拌密封装置。电动机是动力部分，固定在支架上，由调速器调节其转动的快慢。搅拌棒与电动机相连，当接通电源后，电动机就带动搅拌棒转动而进行搅拌。搅拌密封装置是搅拌棒与反应器之间所填充的部分，它可以使反应在密封体系中进行。使用机械搅拌器时，要连接好地线，不能超负荷运行。搅拌的效率在很大程度上取决于搅拌棒的结构。根据反应器的大小、形状及反应条件的要求，选择较为合适的搅拌棒。图 1-12 为不同形状的搅拌棒。

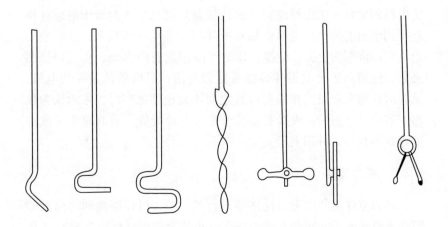

图 1-12　搅拌棒

基础有机化学实验室中的电动搅拌器，一般具有密封装置，常用的密封装置有三种，简易密封装置（a）、液密装置（b）和聚四氟乙烯密封装置（c）（见图1-13）。

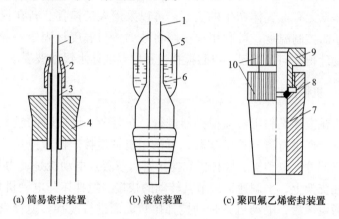

(a) 简易密封装置   (b) 液密装置   (c) 聚四氟乙烯密封装置

图 1-13 搅拌棒

1—搅拌棒；2—橡皮管；3—玻璃管；4—胶塞；5—玻璃密封管；
6—填充液；7—塞体；8—胶垫；9—塞盖；10—滚花

安装机械搅拌装置时，根据搅拌棒的长度选定三口烧瓶和电机的位置，使搅拌棒能在密封装置中间自由地转动。在安装时，首先将电机固定好，用短橡皮管（或连接器）把已插入封管中的搅拌棒连接到电机的轴上，电机的轴和搅拌棒应在同一直线上；然后小心地将三口烧瓶套上去，使搅拌棒的下端距瓶底约 5mm，将三口烧瓶夹紧；然后用手转动搅拌棒查看是否灵活，再以低转速开动电机，试验运转情况；当搅拌棒与封管之间不发出摩擦声时，才能认为仪器安装合格。最后，根据实验要求安装上冷凝管、滴液漏斗（或温度计）等仪器，并用夹子夹紧。

1.7.3 磁力搅拌

磁力搅拌是利用磁力搅拌器进行的。磁力搅拌器是利用磁场的转动来带动磁子的转动。磁子是在一小块金属用一层惰性材料（如聚四氟乙烯等）包裹着的，也可以自制：用一截 10 号铁丝放入细玻管或塑料管中，两端封口。磁子的大小有 10mm、20mm、30mm 等长度，还有更长的磁子；磁子的形状有圆柱形、椭圆形和圆形等，可以根据实验的规模来选用。

磁力搅拌器容易安装，在反应物料的量比较少或在密闭条件下进行的有机实验中经常利用。但对于一些黏稠料液或是有大量固体参加或生成的反应，应选用机械搅拌器作为搅拌动力。

磁力搅拌器在使用过程中应注意：调速时应由低速逐步调至高速，使磁子平稳转动。在不搅拌时，应关闭加热开关。

1.8 干　燥

干燥是常用的除去固体、液体或气体中少量水分或少量有机溶剂的方法。例如，很多有机反应需要在绝对无水条件下进行，所用的原料及溶剂均应该是干燥的；某些化合物若含有水分，在加热时会发生变质，故在蒸馏或重结晶后也必须进行干燥；某些有机化合物会与少量水形成共沸混合物或与水反应而影响产品纯度。此外，有机化合物在进行定性或定量分析、波谱分析之前，均需经过干燥后才会得出准确结果。因此，干燥是最常用而且十分重要的基本操作之一。

干燥方法可分为物理方法与化学方法两种。物理方法有烘干、晾干、吸附、共沸蒸馏、分馏以及分子筛脱水等。化学方法按去水作用的方式又可分为两类：一类与水能可逆地结合生成水合物，如氯化钙、硫酸钠等；另一类与水会发生剧烈的化学反应，如金属钠、五氧化二磷等。

1.8.1　固体有机化合物的干燥

重结晶得到的固体常带水分或有机溶剂，应根据化合物性质选择适当的方法进行干燥。

（1）空气干燥。适用于空气中稳定、不分解、不吸潮并欲除去表面低沸点溶剂的物质。将待干燥的固体放在表面皿或培养皿中，尽量平铺成一薄层，再用滤纸或培养皿覆盖上，以免灰尘沾污，然后在室温下放置，直到干燥为止。

（2）加热干燥。对于热稳定的固体化合物，可以放在烘箱内或红外灯下干燥，加热的温度切忌超过该固体的熔点，以免固体变色或分解。

（3）干燥器干燥。对于易吸湿或较高温度下干燥时会发生分解反应的物质，可用干燥器干燥。常见的干燥器有普通干燥器、真空干燥器和真空恒温干燥器。干燥器内所使用的干燥剂应按照被干燥的固体所含溶剂的性质进行选择。比如：硅胶、氯化钙等常用于吸水；五氧化磷除了吸水外，还可以吸收醇、酮等。

1）普通干燥器干燥效果一般，并且需要时间较长，因此常用于保存易吸潮的药品。

2）真空干燥器的干燥效率优于普通干燥器（图1-14）。真空干燥器上有玻璃活塞，可用于抽真空。活塞下端呈弯钩状，口向上，防止在接通大气时，因气流太快将固体吹散。因此在使用时，真空度不宜太高，一般用水泵抽气。启盖前，必须缓慢放入气体，然后启盖。

3）对于一些易分解易氧化的物质，可采用真空恒温干燥方法进行。

（4）冷冻干燥。冷冻干燥的原理是：在低温、低压下可使样品中的冰升华为水气，从而除去水分。采用小型专用的冷冻干燥机可使样品的干燥更为简单、安全。

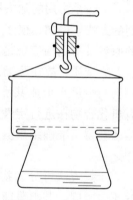

图 1-14　真空干燥器

1.8.2　液体有机化合物的干燥

1.8.2.1　利用分馏或者形成共沸混合物进行干燥

对于不与水形成共沸混合物且两者沸点相差较大的液体有机化合物，可采用分馏进行分离。还可以利用某些有机物与水形成共沸混合物的特性，向被干燥的有机物中加入该有机物，利用形成共沸混合物的性质，在蒸馏时逐渐将水带出，从而达到干燥的目的。

1.8.2.2 干燥剂去水

液体有机化合物的干燥，通常是用干燥剂直接与其接触，因此干燥剂与被干燥的液体有机化合物不发生化学反应，以及溶解、配位、缔合和催化等作用。常用的干燥剂有氯化钙、硫酸镁、硫酸钠、硫酸钙、碳酸钾、氢氧化钾（钠）、金属钠、五氧化二磷和分子筛等。

液体干燥剂的类型，按脱水方式不同可分为两类：

（1）氯化钙、硫酸镁、硫酸钠、碳酸镁等通过可逆地与水结合，形成水合物而达到干燥目的。

（2）金属钠、五氧化二磷和氧化钙等通过与水发生化学反应，生成新化合物而起到干燥除水的作用。

第一类干燥剂干燥的有机液体，蒸馏前必须滤除干燥剂，否则吸附或结合的水在加热时又会放出，从而影响干燥效果；第二类干燥剂在蒸馏时，不用滤除。

1.8.2.3 常用干燥剂的选择原则

（1）干燥剂不能与待干燥的液体发生化学反应。如无水氯化钙与醇、胺类易形成配合物，因而不能用来干燥这两类化合物；又如碱性干燥剂不能干燥酸性有机化合物。未知物溶液的干燥常用中性干燥剂干燥（如硫酸钠或硫酸镁）。

（2）干燥剂不能溶解于所干燥的液体。

（3）充分考虑干燥剂的干燥能力，即吸水容量、干燥效能和干燥速度。吸水容量是指单位质量干燥剂所吸收的水量，而干燥效能是指达到平衡时仍旧留在溶液中的水量。通常先用吸水容量大的干燥剂除去大部分水分，然后再用干燥效能强的干燥剂。

1.8.2.4 液体干燥操作

加入干燥剂前，必须尽可能将待干燥液体中的水分分离干净，不应有任何可见的水层及悬浮的水珠，并置于锥形瓶中。将干燥剂研细成大小合适的颗粒，然后分批少量加入，每次加入后须不断旋摇观察一段时间，如此操作直到液体由混浊变澄清，干燥剂也不再粘附于瓶壁；振摇时可自由移动，说明水分已基本除去，此时再加入 10%～20% 的干燥剂，盖上瓶盖静置即可。干燥剂用量不能太多，否则将吸附液体，引起更大的损失。静置干燥时间应根据液体量及含水情况而定，一般约需 0.5h 左右。

干燥时如出现下列情况，要进行相应处理：

（1）干燥剂互相黏结，附于器壁上，说明干燥剂用量过少，干燥不充分，需补加干燥剂。

（2）容器下面出现白色浑浊层，说明有机液体含水太多，干燥剂已大量溶于水。此时须将水层分出，后再加入新的干燥剂。

（3）黏稠液体的干燥，应先用溶剂稀释后，再加干燥剂。

1.8.3 气体的干燥

实验室产生的气体中常带有酸雾和水气，在要求较高的反应中需要净化和干燥。通常酸雾可以利用水和玻璃棉除去，水气可根据气体的性质，选用浓磷酸、无水氯化钙、固体氢氧化钠或者硅胶等干燥剂除去。

干燥气体常用仪器有干燥管、干燥塔、U 型管以及各种洗气瓶（用来盛装液体干燥剂）。常用的气体干燥剂见表 1-5。

表 1-5 常用的气体干燥剂

干 燥 剂	可干燥的气体
CaO、碱石灰、NaOH、KOH	NH_3 类
无水氯化钙	H_2、HCl、CO、SO_2、N_2、O_2、低级烷烃、醚、烯烃、卤代烃
五氧化二磷	H_2、CO_2、SO_2、N_2、O_2、烷烃、乙烯
浓硫酸	H_2、CO_2、Cl_2、N_2、HCl、烷烃
溴化钙、溴化锌	HBr

1.9 实验预习、实验记录和实验报告的基本要求

基础有机化学实验是一门实践性的课程，是培养学生独立工作能力的重要环节。因此，要达到实验预期效果，必须做到实验前预习，做好实验记录，以及课后进行实验总结。

1.9.1 实验预习

实验预习是做好实验的第一步，首先应认真阅读实验教材及相关参考资料，做到实验目的明确，实验原理清楚，熟悉实验内容和实验方法，牢记实验条件和实验中有关的注意事项。在此基础上，简明扼要地写出预习报告。预习报告内容如下：

（1）实验目的。

（2）实验原理（操作原理、反应原理）。

（3）原料、产物和主要副产物的物理常数以及原料用量。

（4）正确清楚地写出所用仪器的名称、数量、规格。

（5）用图表形式表示实验步骤、实验现象以及实验中的注意事项。

1.9.2 实验记录

实验是培养学生科学素养的主要途径之一，实验中要做到操作认真，观察仔细，思考积极，如实记录。边实验边记录是科研工作者的基本素质之一。实验记录应包括如下内容：

（1）所用物料的数量、规格和浓度。

（2）实验开始时间以及所观察到的实验现象，如反应温度的变化、颜色变化、有无气体产生、反应是否放热、是否有结晶或沉淀产生及产物的性状等。

（3）实验测得的各种数据，如熔点、沸点、折光率和质量等。

（4）实验操作中的失误，如抽滤中的失误、粗产品或产品的意外损失等。

（5）尤其是与预期结果相反或与教材、文献资料所述不一致的现象更应如实记载。因为这对正确解释实验结果将会有很大帮助。记录要做到简单明了和真实可靠，切忌事后凭记忆或纸片上的零星记载来补充实验记录。

1.9.3 实验报告

实验报告是根据实验记录进行整理、总结，对实验中出现的问题从理论上加以分析和讨论，是从感性认识提高到理性认识的必要步骤，也是科学实验中不可缺少的环节。实验报告要求按统一格式，字迹工整、清晰，表达清楚，文字精练。实事求是，不得抄袭他人实验报告。

实验报告书写的内容有：

（1）实验目的。

（2）反应原理和反应方程式。

（3）实验仪器装置。

（4）主要试剂及产物的物理常数，主要试剂用量及规格。

（5）实验步骤及现象。

（6）产物物理状态、产量、产率及最后总结讨论。

对合成实验，产率的高低和质量的好坏常常是评价实验方法及考核学生实验技能的重要指标。

$$产率 = \frac{实际产量}{理论产量} \times 100\%$$

实际产量是指实验中实际得到的纯粹产物的质量，简称产量；理论产量是假定反应物完全转化成产物，而根据反应方程式计算得到的产物质量。

2 基本实验

实验 1 熔点的测定

一、实验目的

(1) 学习熔点测定的原理、应用及影响测定结果的因素。
(2) 掌握熔点的测定方法。

二、实验原理

熔点是指在一个大气压下固体化合物固相与液相平衡时的温度。这时固相和液相的蒸气压相等。纯净的固体有机化合物一般都有一个固定的熔点。图 2-1 中表示一个纯粹化合物相组分、总供热量和温度之间的关系。当以恒定速率供给热量时,在一段时间内温度上升,固体不熔;当固体开始熔化时,有少量液体出现,固液两相之间达到平衡;继续供给热量使固相不断转变为液相,两相间维持平衡,温度不会上升,直至所有固体都转变为液体,温度才上升。反之,当冷却一种纯化合物液体时,在一段时间内温度下降,液体未固化;当开始有固体出现时,温度不会下降,直至液体全部固化后,

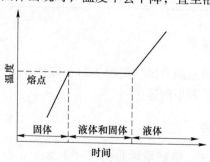

图 2-1 化合物的相随时间和温度的变化

温度才会再下降。所以，纯粹化合物的熔点和凝固点是一致的。

在加热过程中，固体物质从开始熔化到完全熔化的温度范围，即为熔程（也称熔点范围）。固体刚开始熔化的温度（或观察到有少量液体出现时的温度）叫初熔，固体刚好全部熔化时的温度为全熔。纯粹的固体有机化合物一般都有固定的熔点，即在一定压力下加热到临近熔点时，固液两相之间的变化非常灵敏，熔程一般不超过 0.5~1℃。混有杂质时，熔点会降低，熔程增大。纯净的固体有机物一般都有固定的熔点，因此，通过测定熔点可鉴定有机物，还能区别熔点相近的有机物。根据熔程的长短可检验有机物的纯度。一般来说，有机物纯度越高，熔程越短；纯度越低，熔程越长。

用来检验两种熔点相同或相近的有机物是否为同一种物质的试验，称做混合熔点试验。欲测定熔点的样品为两种不同有机物的混合物，比如肉桂酸及尿素，尽管它们各自的熔点均为133℃，但把它们等量混合，再测其熔点时，则比133℃低得多，而且熔程大。这种现象称做混合熔点下降。

三、物理常数

实验涉及各化合物的物理常数见表 2-1。

表 2-1 各化合物的物理常数

名称	相对分子质量	性状	相对密度	熔点/℃	沸点/℃
尿素	60.06	白色固体	1.34	132.7	196.6
苯甲酸	122.12	白色固体	1.27	122.2	249.2

四、仪器和试剂

仪器：显微熔点测定仪（见图 2-2），载玻片，研钵，镊子等。

试剂：尿素，苯甲酸等。

五、实验内容

（1）仪器调试。将微量被测物质（不多于 0.1mg）小颗粒放在载玻片上，将载玻片放在加热台中心，盖上玻璃片（防雾玻璃），调

图 2-2　显微熔点测定仪

试仪器得到清晰的图像。

（2）温度设置。打开电源，通过拨动功能选择开关，设定温度上、下限（对于已知物，上限高于实际熔点 5℃，下限高于实际熔点 2℃）。

（3）样品测试。将功能开关拨至测量温度挡，即开始测量，控温器上显示加热台温度，此时，注意观察被测物状态变化，记下初熔到全熔的温度范围。测量完毕，逆时针旋转控温旋钮到底，温度降至低于熔点 20℃时，再开始重复测量新样品。每一组样品分别测试 3 次。

（4）不同样品的测试。分别测试苯甲酸、尿素以及苯甲酸与尿素混合物（质量比 1∶1）的熔点。

六、实验注意事项

（1）样品要磨细。

（2）先快速加热、后慢速加热，当温度快升至熔点时，控制温度上升的速度为每分钟 1~2℃。

（3）当样品开始有液滴出现时，表示初熔已开始。样品逐渐熔化直至完全变成液体，记录为全熔温度。

七、实验数据记录和处理

实验测得数据和处理结果填入表 2-2~表 2-5。

表 2-2   苯甲酸的熔点测量记录

苯甲酸	1 次	2 次	3 次	平均熔点
初熔/℃				
全熔/℃				
平均熔点/℃				

表 2-3   尿素的熔点测量记录

尿素	1 次	2 次	3 次	平均熔点
初熔/℃				
全熔/℃				
平均熔点/℃				

表 2-4   混合物的熔点测量记录

混合物	1 次	2 次	3 次	平均熔点
初熔/℃				
全熔/℃				
平均熔点/℃				

表 2-5   不同样品的熔点比较

样 品	苯甲酸	尿素	混合物
熔点/℃			

八、思考题

（1）纯物质的熔程短，熔程短的是否一定是纯物质，为什么？

（2）如何提高固体物质熔点测试的准确度？

知识链接：毛细管熔点测定法

毛细管法是最常用的熔点测定法，装置如图 2-3 所示，操作步骤如下。

1. 准备熔点管

通常选用直径 1~1.5mm，长约 60~70mm 一端封闭的毛细管作为熔点管。

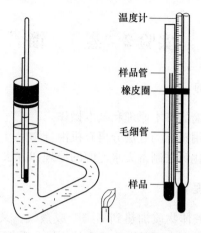

图 2-3　毛细管法测定熔点

2. 样品的填装

将待测样品（样品一定要干燥、研细）放在洁净、干燥的表面皿中，而后装入熔点管中。在往毛细管内装样品时，一定要反复冲撞夯实，管外样品要用卫生纸擦干净，管内样品高度 2~3mm。

3. 安装装置

将提勒管固定在铁架台上，装入浴液，按实验图 2-3 所示安装，温度计及毛细管的插入位置要精确。

4. 准备热浴

一般选用硅油作浴液（适用于测熔点在 220℃以下的样品）。

5. 加热

用酒精灯在提勒管弯曲处的底部加热。注意升温速度的控制。

6. 读数

当发现毛细管中的样品开始塌落，并有小液滴出现时，表明固体开始熔化，记录初熔温度。当固体完全熔化，呈透明状态时，记录全熔温度。这两个温度值就是该化合物的熔程。

7. 平行实验

熔点的测定至少要有两次重复的数据。每一次测定，都必须用新的熔点管装新样品。进行第二次测定时，要等浴液冷却至样品熔点以下约 20℃左右时，再进行测定。

实验 2　蒸　　馏

一、实验目的

（1）掌握蒸馏的基本原理和基本操作。

（2）学会采用蒸馏的方法分离有机混合物。

（3）了解氧化钙法制备无水乙醇的原理和方法。

二、实验原理

蒸馏就是将液体物质加热到沸腾变成蒸气，又将蒸气冷凝到液体这两个过程的联合。根据物质性质的不同，蒸馏可分为常压蒸馏、减压蒸馏和分馏。普通蒸馏是在常压下进行的，故又称为常压蒸馏或简单蒸馏。普通蒸馏是在液体沸腾下进行的，液体沸腾是在液体的蒸气压等于外界大气压力时发生的。利用简单蒸馏可将沸点相差30℃以上的物质分开。在外界恒定压力下，绝大多数纯液体物质都具有各自恒定的沸点，所以，如果是纯物质，在其蒸馏过程中，其沸点是恒定的，因此可用普通蒸馏测定纯物质的沸点和检验其纯度。普通蒸馏还可以用于提纯，以除去不挥发的杂质。此外还可用于回收溶剂或蒸出部分溶剂以浓缩溶液。

蒸馏装置由加热、冷凝和接收三部分组成。图 2-4 为普通蒸馏示意图。

三、物理常数

实验涉及的各化合物的物理常数见表 2-6。

表 2-6　各化合物的物理常数

名称	相对分子量	性状	相对密度	熔点/℃	沸点/℃
乙醇	46.07	无色液体	0.78	−114.5	78.4

四、仪器和试剂

仪器：磨口仪器一套，电热套，量筒等。

试剂：工业乙醇，沸石等。

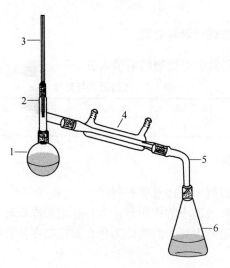

图 2-4　蒸馏装置

1—圆底烧瓶；2—蒸馏头；3—温度计；4—直形冷凝管；5—尾接管；6—锥形瓶

五、实验内容

（1）回流加热除水。在 100mL 圆底烧瓶中加入 40mL 工业乙醇，慢慢加入 16g 小颗粒的氧化钙和少量氢氧化钠，装上带有干燥管的回流装置，水浴或电热套加热回流 2h。

（2）蒸馏（带干燥管的蒸馏）。回流结束后，待反应体系稍微冷却，将回流装置改成蒸馏装置，在尾接管上连接带有无水氯化钙的干燥管，收集 78.5℃的馏分。

（3）产率计算。量取馏分体积，并计算产率。

（4）检验乙醇的纯度。将蒸馏得到的乙醇与未蒸馏的乙醇，分别加入少量无水硫酸铜，观察相应现象。

六、实验注意事项

（1）所用仪器均要干燥。

（2）回流和蒸馏必须加干燥管。

（3）保证除水反应时间。

七、实验数据记录和处理

将实验测得数据和处理结果填入表2-7。

表2-7　数据记录与处理

原料颜色	原料体积	馏分颜色	馏分体积/mL	产率/%

八、思考题

（1）蒸馏过程中应注意哪些问题？

（2）沸石在蒸馏中的作用是什么？忘记加沸石时，应如何补加？

（3）蒸馏时瓶中加入的液体为什么要控制在其容积的 2/3 和1/3 之间？

知识链接：蒸馏操作以及注意事项

1. 加料

借助长颈玻璃漏斗从蒸馏头上口加入待蒸馏液体，液量一般为蒸馏瓶体积的 1/3～2/3 之间为合适；加入两三粒沸石（或一端封闭的毛细管，开口朝下）。

2. 安装

蒸馏装置的安装顺序一般是从热源处开始，自下而上，从左向右。蒸馏完毕拆卸仪器的程序和安装仪器的程序相反（见图2-4）。

根据加热器具的高度确定烧瓶的固定位置。固定蒸馏烧瓶的铁夹一般夹在瓶颈部位，瓶底距离石棉网 1～2mm，不要触及石棉网。用水浴锅加热时，瓶底应距离浴底1cm 左右。

温度计的水银球上限应和蒸馏头侧支管下限在同一水平线上。

铁夹应夹在冷凝管中心处（约中部）。冷凝水从下口进入，上口流出，上端出水口朝上，以保证冷凝管中充满水。

尾接管与接收瓶之间不能密闭，否则可能导致爆炸。严禁用烧杯等广口器皿接受挥发性易燃、易爆或有毒馏出液。

磨口玻璃仪器之间的接口应尽量紧密，以防漏气。各个铁夹不要夹得太紧或太松，以不脱落为度，避免夹破仪器。

整套仪器应做到正确、端正，无论从正面或侧面观察，各个仪器的中心都要在同一平面上。所有的铁夹台和铁架都应尽可能整齐地放在仪器的背面。

3. 加热和沸点测定

最初用小火再逐渐加大火焰使液体沸腾。在温度计的读数急剧上升时，应控制火焰的大小，使温度计水银球部总是保持有液滴。这样表明气液达到平衡，温度计的读数就是蒸馏液的沸点。火焰太小，蒸气达不到侧支管处，蒸馏进行太慢。由于温度计的水银球不能被蒸气充分浸润会使温度计读数偏低或不规则，因此，控制蒸馏速度是整个实验的关键，一般要求蒸馏速度为每秒流出 1~2 滴。

观察温度计的读数，如果有低沸点物质，则会先行蒸出。这一部分蒸出物通常称为"前馏分"。前馏分一旦蒸完，温度计一般趋于平衡。温度平稳后，应及时更换干燥、清洁的接收瓶，再蒸馏出的馏分就是较纯的物质。记下这馏分的第一滴和最后一滴的温度读数，即为该馏分的沸点范围（沸程）。在需要的馏分蒸出完毕，再继续加温时，温度计读数显著升高，此时就应停止蒸馏。蒸馏瓶中的液体不能完全蒸干，否则容易发生意外。

蒸馏完毕，先停止加热，冷却后，停止通冷凝水。按照与仪器安装相反的程序拆卸仪器。产品称量记录。

4. 注意事项

冷凝管的选择可根据蒸馏液体的沸点来确定。蒸馏沸点在 80~140℃的液体，用直形冷凝管；沸点超过 140℃时，冷凝管用水冷凝，接头处易爆裂，故应改用空气冷凝管；蒸馏沸点在 80℃以下的液体时，可选用蛇形冷凝管，因它们的冷凝接触面积较大，冷凝效率高。

为了消除液体在加热过程中的过热现象和保证沸腾的平稳进行，常加入沸石（也可用素烧瓷片）或一端封闭的毛细管作防爆剂。这些物质受热后，能产生细小的空气泡，成为液体的气化中心，可以防止蒸馏过程发生暴沸现象。当加热后才发现未加入防爆剂时，应先停止加热使液体稍冷却后再加入，否则会引起猛烈的暴沸。

蒸馏低沸点或易燃液体时，不能用明火加热，否则易引起火灾。故要蒸馏装置中的加热部分用水浴作为热源，接收瓶应放在冰水浴中冷却。

实验 3　分　　馏

一、实验目的

（1）了解普通蒸馏和简单分馏的基本原理及意义。

（2）初步掌握蒸馏和分馏装置的安装与操作。

（3）比较采用蒸馏和分馏分离液体混合物的效果。

二、实验原理

普通蒸馏只能分离和提纯沸点相差较大的物质，一般至少相差30℃以上才能得到较好的分离效果。对沸点较接近的混合物用普通蒸馏法就难以分开。虽经多次的蒸馏可达到较好的分离效果，但操作比较麻烦，损失量也很大。在这种情况下，应采取分馏法来提纯该混合物。

分馏的基本原理与蒸馏相类似，所不同的是在装置上多一个分馏柱，使气化、冷凝过程由一次变为多次。简单地说，分馏就是利用分馏柱来实现"多次重复的"的蒸馏过程。

分馏是分离纯化沸点较接近的有机液体混合物的一种重要方法。当沸腾着的蒸气通过分馏柱时，部分蒸气发生冷凝，冷凝液在下降途中与继续上升的蒸气接触，两者进行热交换，蒸气中高沸点组分被冷凝，低沸点组分仍呈气态上升。结果是上升的蒸气中低沸点组分增多，下降的冷凝液中高沸点组分增多。如此经过多次热交换，就相当于连续多次的蒸馏，以致低沸点组分的蒸气不断上升而被蒸馏出来，高沸点组分则不断流回蒸馏瓶中，从而将它们分离。

实验室中简单的分馏装置包括：热源、蒸馏器（一般用圆底烧瓶）、分馏柱、冷凝管和接收器五个部分。常用的分馏柱有 Vigreux 分馏柱、Dufton 分馏柱和 Hempel 分馏柱。

本实验利用普通蒸馏和简单分馏分别对混合溶液进行分离，并比较其分离效果。

三、物理常数

实验涉及的各化合物的物理常数见表 2-8。

表 2-8　各化合物的物理常数

名称	相对分子质量	性状	相对密度	熔点/℃	沸点/℃
乙醇	46.07	无色液体	0.78	-114.5	78.4
水	18.0	无色液体	1.0	0	100

四、仪器和试剂

仪器：圆底烧瓶，刺形分馏柱，直形冷凝管，蒸馏头，尾接管，量筒，锥形瓶，温度计，长颈玻璃漏斗。如图 2-5 所示。

试剂：蒸馏水，乙醇等。

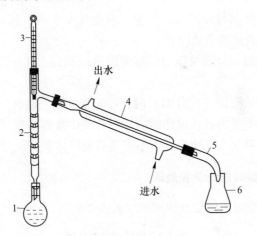

图 2-5　分馏装置

1—圆底烧瓶；2—分馏柱；3—温度计；4—直形冷凝管；5—尾接管；6—锥形瓶

五、实验内容

1. 普通蒸馏

（1）在 100mL 单口瓶中加入 20mL 蒸馏水、20mL 无水乙醇和 2 粒沸石。

（2）安装普通蒸馏装置，蒸馏并收集馏分。

（3）停止蒸馏。

2. 简单分馏

（1）在 100mL 单口瓶中加入 20mL 蒸馏水、20mL 无水乙醇和 2 粒沸石。

（2）安装简单分馏装置，分馏并收集馏分。

（3）停止分馏。

3. 比较分离效果

在同一张坐标纸上，以温度为横坐标，馏出液体积为纵坐标，将蒸馏和分馏的实验结果分别绘制成曲线。

比较蒸馏与分馏的分离效果，并做出结论。

六、实验注意事项

（1）在蒸馏与分馏的操作中，温度计安装的位置正确与否，将直接影响到测量的准确性。

（2）蒸馏和分馏操作中，都应严格控制馏出速度，以确保分离效果。

（3）开始蒸馏（或分馏）时，一定要注意先通水，再加热。

（4）切不可向正在加热的液体混合物中补加沸石。

（5）注意与大气相通，绝不能造成密闭体系。

七、实验数据记录和处理

将实验测得数据和处理结果填入表 2-9。

表 2-9   数据记录与处理

温度范围/℃	蒸馏的馏出液体积/mL	分馏的馏出液体积/mL
61~70		
71~80		
81~90		
91~95		
剩余液		

八、思考题

（1）普通蒸馏与简单分馏在操作上有何不同？

（2）为什么要控制蒸馏（或分馏）速度，快了会造成什么后果？

（3）停止蒸馏（或分馏）时，应如何操作？

（4）分离液体混合物时，普通蒸馏与简单分馏哪一种方法效果更好，为什么？

实验 4 水蒸气蒸馏

一、实验目的

（1）学习水蒸气蒸馏的基本原理。

（2）练习水蒸气蒸馏操作。

二、实验原理

当对一种互不混溶的挥发性混合物（非均相共沸混合物）进行蒸馏时，在一定温度下，每种液体将显示其各自的蒸气压，而不被另一种液体所影响。它们各自的分压只与各自纯物质的饱和蒸气压有关，即 $p_A = p_{A0}$，$p_B = p_{B0}$，而与各组分的摩尔分数无关，其总压为各分压之和，即：$p_总 = p_A + p_B = p_{A0} + p_{B0}$。

由此可以看出，混合物的沸点要比其中任何单一组分的沸点都低。在常压下用水蒸气（或水）作为其中的一相，能在低于 100℃ 的情况下将高沸点的组分与水一起蒸出来。综上所述，一个由不混溶液体组成的混合物将在比它的任何单一组分（作为纯化合物时）的沸点都要低的温度下沸腾。用水蒸气（或水）充当这种不混溶混合物之一相所进行的蒸馏操作，称为水蒸气蒸馏。

水蒸气蒸馏是分离和纯化有机物质的一种常用方法，特别是针对那些混合物中含有固体、焦油状或树脂状的杂质，如果采用一般蒸馏会使高沸点的有机物质发生分解，这时可以使用水蒸气蒸馏的方法。该法适合以下物质：

（1）不溶或难溶于水。

（2）共沸下与水不发生化学反应。

（3）在 100℃ 左右时，必须有一定的蒸气压（666.5 ~ 1333.0Pa），并且与其他杂质具有明显的蒸气压差。

三、仪器和试剂

仪器：水蒸气发生器，圆底烧瓶，直型冷凝管，尾接管，分液漏斗，锥形瓶等。

试剂：八角茴香等。

水蒸气蒸馏装置:由水蒸气发生器和简单蒸馏装置组成(见图2-6)。

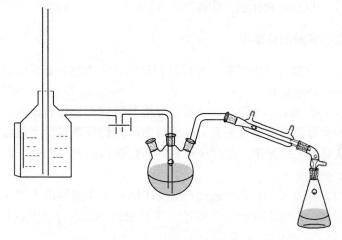

图2-6 水蒸气蒸馏装置

四、实验内容

（1）在水蒸气发生器中加 3/4 的水和两三粒沸石，在 250mL 圆底烧瓶中加入 10g 八角茴香和 40mL 水；安装蒸馏装置，电热套上加热 20min。打开螺旋夹，开启冷凝水，加热水蒸气发生器至沸。

（2）当有水蒸气从 T 形管的支管冲出时，旋紧夹子，让蒸气进入烧瓶中。调节冷凝水，防止在冷凝管中有固体析出，使馏分保持液态。必须注意：当重新通入冷凝水时，要小心而缓慢，以免冷凝管因骤冷而破裂。控制馏出液速度在每秒 2~3 滴。在蒸馏时，要随时注意安全管的水柱是否发生不正常的上升现象，以及烧瓶中的液体发生倒吸现象。一旦发生这种现象，应立即打开夹子，移去火源，排除故障后，方可继续蒸馏。在蒸馏过程中，要随时放掉 T 形管中已积满的水。

（3）当馏出液澄清透明且不再含有有机物油滴时，可停止蒸馏。先打开螺旋夹，通大气，然后方可停止加热。否则烧瓶中液体将会倒吸入水蒸气发生器中。

（4）将馏出液移入分液漏斗中，静置分层。分出的有机相置于锥形瓶中，用无水硫酸钠干燥，过滤。

（5）量取产物体积，计算产率。

五、实验注意事项

（1）水蒸气发生器盛水量以其容积的 3/4 为宜。如果太满，沸腾时水将冲至烧瓶。

（2）安全管的下端接近水蒸气发生器的底部，当容器内气压太大时，水可沿着玻璃管上升，以调节内压；如果系统发生阻塞，水便会从管的上口冲出，此时应检查圆底烧瓶内的蒸气导管下口是否阻塞。

（3）通常采用长颈圆底烧瓶。为了防止瓶中液体因飞溅而冲入冷凝管内，在组装时应倾斜45°角，瓶内液体不宜超过容积的1/3。

六、实验数据记录和处理

将实验测得数据和处理结果填入表2-10。

表 2-10　数据记录与处理

产品颜色	产品体积	产品数量

七、思考题

（1）水蒸气蒸馏时，如何判断有机物已完全蒸出？

（2）水蒸气蒸馏时，随着蒸气的导入，蒸馏瓶中液体越积越多，以致有时液体会冲入冷凝器中，如何避免这一现象？

（3）今有硝基苯、苯胺混合液体，能否利用化学方法及水蒸气蒸馏的方法将两者分离？

知识链接：水蒸气蒸馏的使用对象

水蒸气蒸馏是用来分离和提纯液态或固态有机化合物的一种方

法，常用在下列几种情况：

（1）某些沸点高的有机化合物，在常压下蒸馏虽可与副产品分离，但容易被破坏。

（2）混合物中含大量的固体或树脂状杂质，采用蒸馏、萃取等方法都难以分离。

（3）从较多固体中分离出被吸附的液体。

（4）蒸馏挥发性固体有机物质时，冷凝管易被冷凝的固体堵塞。

实验 5　重结晶和过滤

一、实验目的

（1）掌握重结晶法纯化固体化合物的基本原理和实验技术。

（2）熟练掌握热过滤和抽滤操作。

二、实验原理

通过有机合成得到的固体产物，往往含有未反应完原料、副产物等杂质，需选用适当的溶剂进行结晶提纯。除去这些杂质最有效的方法就是重结晶。该方法的原理是利用固体混合物中各组分在某种溶剂中的溶解度不同，使它们相互分离，达到提纯精制的目的。将固体物溶解在热的溶剂中使之饱和，冷却时由于溶解度降低，物质又重新析出晶体。利用溶剂对被提纯物质及杂质的溶解度不同，使被提纯物质从过饱和溶液中析出，让杂质全部或大部分留在溶液中，从而达到提纯的目的。

重结晶只适宜杂质含量在 5% 以下的固体混合物的提纯。从反应粗产物直接重结晶是不适宜的，必须先采取其他方法初步提纯，然后再重结晶提纯。

三、物理常数

实验所用苯甲酸的物理常数和其在水中的溶解度见表 2-11 和表 2-12。

表 2-11　苯甲酸物理常数

相对分子质量	颜色形态	相对密度	熔点/℃	沸点/℃	溶解度			
					水	乙醇	乙醚	丙酮
122.13	白色晶体	1.27	122.4	249	微溶	易溶	易溶	溶

表 2-12　苯甲酸在水中的溶解度

温度/℃	20	25	50	95	100
苯甲酸在水中的溶解度/g·100g^{-1}	0.29	0.17	0.95	6.8	5.9

四、仪器和试剂

仪器：锥形瓶，托盘天平，布氏漏斗，吸滤瓶，蒸发皿，电炉，石棉网，表面皿，水泵，铁架台，试管，滤纸，热水漏斗等。如图 2-7~图 2-9 所示。

试剂：苯甲酸等。

图 2-7　重结晶加　　　图 2-8　热过滤装置　　　图 2-9　布氏漏斗
　　　热溶解装置　　　　　　　　　　　　　　　　　　过滤装置

五、实验内容

（1）制饱和溶液。用天平称取 4g 左右含有杂质的苯甲酸固体，放在锥形瓶中，加 100mL 水；加热至苯甲酸全部溶解后，待溶液稍冷后加活性炭，煮沸 5~10min。

（2）热过滤。利用菊花形滤纸在热水漏斗上趁热过滤。若采用有机溶剂，过滤时应先熄灭火焰或使用挡火板。

（3）结晶。滤液放置冷却，析出结晶。为得到颗粒大、晶形均匀的晶体，应使滤液自行冷却，不要搅动。

（4）抽滤。抽滤后，打开安全阀停止抽滤。再用少量溶剂润湿晶体，继续抽滤。

（5）计算产率。干燥后称重，计算产率。

六、实验注意事项

（1）制饱和溶液时，在石棉网上加热至沸腾，并用玻璃棒不断搅拌，使固体溶解。若有未溶的固体，用滴管每次加入热水 3~5mL，直至全部溶解。将锥形瓶移开热源，冷却 3~5min，然后加入少量活性炭（活性炭绝对不能加入正在沸腾的溶液中，否则会引起暴沸，使溶液逸出），再加热微沸 5~10min（若溶剂蒸发太多，可适当补充少量水）。

（2）饱和溶液趁热用热水漏斗过滤，除去活性炭和不溶性杂质。每次倒入漏斗的溶液不要太满，盛剩余溶液的锥形瓶放在石棉网上继续用小火加热，以防结晶析出。溶液过滤之后用少量热水洗涤锥形瓶和滤纸。

（3）过滤完毕，将盛滤液的烧杯用表面皿盖好放置结晶，冷至室温后再用冷水冷却使结晶完全。

（4）结晶完成之后用布氏漏斗过滤，滤纸先用少量冷水湿润抽紧，将晶体和母液分批倒入漏斗中，抽滤后，用玻璃塞挤压晶体，使母液尽量除净，然后拔开吸滤瓶上的橡皮管，停止抽气。加少量冷水于布氏漏斗中，使晶体湿润，用药匙轻轻刮动晶体（注意不要把滤纸刮破），将晶体刮到已称重过的干燥表面皿上，摊薄在空气中晾干。

七、实验数据记录和处理

将实验测得数据和处理结果填入表 2-13。

表 2-13   数据记录与处理

产品颜色	产品状态	产品质量	原料质量	产率

八、思考题

（1）重结晶时，为什么溶剂不能太多，也不能太少？如何正确控制剂量？

（2）重结晶提纯固体有机物时，有哪些步骤？简单说明每一步的作用。

知识链接：菊花滤纸的折叠方法

菊花形滤纸由于有效表面积大、过滤速度快，在化学实验中会经常用到。因此，菊花形滤纸的折叠和使用是基础化学实验、特别是基础有机化学实验中的一项重要内容，也是学生应掌握的一项基本实验技能。菊花型滤纸折叠的具体操作见图2-10。

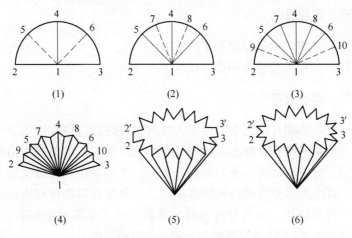

(1)　　　　　　　(2)　　　　　　　(3)

(4)　　　　　　　(5)　　　　　　　(6)

图 2-10　菊花型滤纸的折叠方法图

实验 6　萃　　取

一、实验目的

（1）理解萃取的原理和实验方法。
（2）掌握分液漏斗的操作技术。

二、实验原理

　　萃取是基础有机化学实验中，分离和提纯有机物常用的方法之一。萃取是利用有机物在两种互不相溶（或微溶）的溶剂中溶解度的不同，使有机物从一种溶剂转移到另一个溶剂中。经过反复多次萃取，将绝大部分有机物提取出来。由于多数有机物在有机溶剂中有更好的溶解性，常用有机溶剂来萃取溶解于水溶液中的有机物。在实验室中进行液-液萃取时，一般在分液漏斗中进行。

　　萃取溶剂的好坏直接决定着萃取效果。萃取溶剂的选择应由被萃取化合物本身性质决定。一般难溶于水的物质，用石油醚等萃取；较易溶的物质，用苯或者乙醚萃取；易溶于水的物质，用乙酸乙酯或者类似溶剂萃取。

三、物理常数

　　实验所用苯酚的物理常数见表 2-14。

表 2-14　苯酚的物理常数

相对分子质量	性状	熔点/℃	沸点/℃	溶解度			
				水	乙醇	乙醚	乙酸乙酯
94.11	无色液体	43	182	15℃　8.2 65℃　混溶	溶	易溶	易溶

四、仪器和试剂

仪器：分液漏斗（见图 2-11），量筒，铁架台，铁圈，烧杯，玻璃棒，滴管等。

试剂：饱和苯酚溶液，乙酸乙酯，氯化铁等。

五、实验内容

（1）一次萃取。从 50mL 分液漏斗的上口，加入 20mL 苯酚饱和溶液和 7mL 乙酸乙酯；然后盖紧顶塞振摇，使两层液体充分接触。在振摇过程中，适时放气。

（2）两相分离。将分液漏斗放置在铁圈上静置分层（见图 2-12），待两层液体界面清晰时，将顶塞打开；再把分液漏斗下端靠在烧杯壁上，然后缓缓旋开旋塞，放出下层溶液（水相 1）。待下层水相 1 流完后，将上层溶液（乙酸乙酯油相 1）从上口倒入另一烧杯。

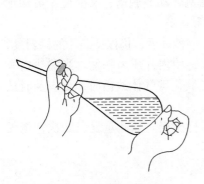

图 2-11　分液漏斗的使用

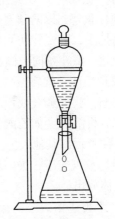

图 2-12　分离两层液体

（3）二次萃取。将下层水相 1，倒入分液漏斗中，再添加 5mL 乙酸乙酯，进行萃取操作。

（4）二次分离。待两相界面清晰时，将顶塞打开，放出下层溶液（水相 2）。待下层水相 2 流完后，将上层溶液（乙酸乙酯油相 2）从上口倒入另一烧杯。

（5）称量、检测。分别用量筒称量油相 1，2 以及水相 2 的体积。并用氯化铁分别定性检测上述三种溶液中苯酚浓度高低。

六、实验注意事项

1. 分液漏斗使用前的准备工作

（1）分液漏斗上口的顶塞应用棉线系在漏斗上口的颈部，旋塞则用橡皮筋绑好，以避免脱落破损。

（2）取下旋塞并用纸将旋塞及旋塞腔擦干，在旋塞孔的两侧涂上一层薄薄的凡士林。再小心塞上旋塞并来回旋转数次，使凡士林均匀分布并透明。注意：上口的顶塞不能涂凡士林。

（3）使用前应先用水检查顶塞、旋塞是否紧密。倒置或旋转旋塞时，都必须确保不漏水，方可进行使用。

2. 萃取过程中振摇的注意事项

（1）振摇时，右手捏住漏斗上口颈部，并用食指根部（或手掌）顶住顶塞，以防顶塞松开。用左手大拇指、食指按住处于上方的旋塞把手，既要能防止振摇时旋塞转动或脱落，又要便于灵活地旋开旋塞。漏斗颈向上倾斜30°~45°。

（2）用两手旋转振摇分液漏斗数秒钟后，仍保持漏斗的倾斜度，旋开旋塞，放出蒸气或产生的气体，使内外压力平衡。当漏斗内有易挥发有机溶剂（如乙醚）或有二氧化碳气体放出时，更应及时放气，并注意远离其他人。

（3）放气完毕，关闭旋塞，再行振摇。如此重复三四次，至无明显气体放出。

3. 两相液体的分离操作

（1）分液漏斗进行液体分离时，必须放置在铁圈上静置分层。

（2）待两层液体界面清晰时，再把分液漏斗下端靠在接收瓶壁上，然后缓缓操作；可重复二三次，以便把下层液体分净。当最后一滴下层液体刚刚通过旋塞孔时，关闭旋塞。

（3）待颈部液体流完后，将上层液体从上口倒出，绝不可由旋塞放出上层液体，以免被残留在漏斗颈的下层液体所沾污。

七、实验数据记录和处理

将实验测得数据和处理结果填入表2-15。

表 2-15 数据记录与处理

油相 1 颜色及体积	油相 2 颜色及体积	水相 2 颜色及体积	三物相添加 $FeCl_3$ 后，颜色从深到浅顺序

八、思考题

（1）使用分液漏斗的目的是什么，使用分液漏斗时要注意哪些事项？

（2）两种不相溶的液体同在分液漏斗中，请问相对密度大的在哪一层？下一层液体从哪里放出来？放出液体时，为了不使其流得太快，应该怎样操作？留在分液漏斗中的上层液体，应从哪里倾入另一容器？

实验7　减压蒸馏

一、实验目的

（1）了解减压蒸馏的原理和应用范围。
（2）认识减压蒸馏的主要玻璃仪器和设备。
（3）掌握减压蒸馏仪器的安装和操作方法。

二、实验原理

减压蒸馏是分离、提纯有机物的重要方法，特别适用于沸点较高及在常压下蒸馏时易分解、氧化和聚合的物质。有时在蒸馏、回收大量溶剂时，为提高蒸馏速度，也考虑采用减压蒸馏的方法。

液体的沸点是指它的饱和蒸气压等于外界大气压时的温度，所以液体沸腾的温度是随外界压力的降低而降低的。用真空泵连接盛有液体的容器，使液体表面上的压力降低，即可降低液体的沸点。这种在较低压力下进行蒸馏的操作称为减压蒸馏。减压蒸馏时物质的沸点与压力有关。为了使用方便，常把不同的真空度划分为几个等级：

低真空度[101.32~1.3332kPa（760~10mmHg）]：一般可用水泵获得。水泵所达到的最大真空度受水蒸气压力限制，因此，水温在3~4℃时，水泵可达0.7999kPa（6mmHg）的真空度；而水温在20~25℃时，只能达到2.266~3.333kPa（17~25mmHg）。

中真空度[1333.2~13.332Pa（10~10⁻¹mmHg）]：一般可由油泵获得。

高真空度[<13.332Pa（10⁻¹mmHg）]：一般由扩散泵获得。它是利用一种液体的蒸发和冷凝，使空气附着在凝聚的液滴表面上，达到富集气体分子的目的。该泵的作用一方面是抽走集结的气体分子，另一方面是可以降低所用液体的气化点，使其易沸腾。扩散泵所用的工作液可以是泵油或其他特殊油类，其极限真空值主要取决于工作液的性质。

减压蒸馏装置由蒸馏部分、抽气部分和保护和测压装置部分组成。

1. 蒸馏部分

这一部分与普通蒸馏相似，亦可分为三个组成部分：

（1）减压蒸馏瓶（克氏蒸馏瓶）有两个颈，其目的是为了避免减压蒸馏时，瓶内液体由于沸腾而冲入冷凝管中。瓶的一颈中插入温度计，另一颈中插入一根距瓶底约 1～2mm 的末端拉成细丝的毛细管。毛细管的上端连有一段带螺旋夹的橡皮管，螺旋夹用以调节进入空气的量，使极少量的空气进入液体，呈微小气泡冒出，作为液体沸腾的气化中心，使蒸馏平稳进行，又起搅拌作用。

（2）冷凝管和普通蒸馏相同。

（3）尾接管和普通蒸馏不同的是，尾接管上具有可供接抽气部分的小支管。蒸馏时，若要收集不同的馏分而又不中断蒸馏，则可用两尾或多尾尾接管。转动多尾尾接管，就可使不同的馏分进入指定的接收器中。

2. 抽气部分

实验室通常用水泵或油泵进行减压。

（1）水泵（水循环泵）。所能达到的最低压力为 1kPa。

（2）油泵。油泵的效能决定于油泵的机械结构以及真空泵油的好坏。好的油泵能抽至真空度为 13.3Pa。油泵结构较精密，工作条件要求较严。蒸馏时，如果有挥发性的有机溶剂、水或酸的蒸气，都会损坏油泵及降低其真空度。因此，使用时必须十分注意油泵的保护。

3. 保护和测压装置部分

为了保护油泵，必须在馏液接收器与油泵之间顺次安装冷阱和几个吸收塔。冷阱中冷却剂的选择根据需要而定。吸收塔（干燥塔）通常设三个：第一个装无水 $CaCl_2$ 或硅胶，吸收水气；第二个装粒状 NaOH，吸收酸性气体；第三个装切片石蜡，吸收烃类气体。

实验室通常利用水银压力计测量减压系统的压力。水银压力计分为开口式水银压力计和封闭式水银压力计两种。

三、仪器和试剂

仪器：减压蒸馏装置等（图 2-13）。

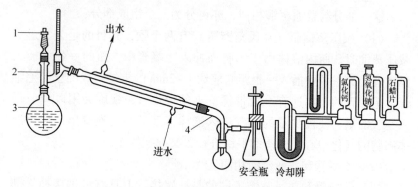

图 2-13　减压蒸馏装置图
1—螺旋夹；2—克氏蒸馏头；3—毛细管；4—尾接管

四、实验内容

（1）安装减压蒸馏装置（若是使用循环水泵，可免除吸收装置），并注意在磨口玻璃涂上真空脂（油）。

（2）检查系统是否漏气。

（3）系统正常后，加入蒸馏的液体，本实验用水练习操作。

（4）关上安全瓶活塞，先抽气再调节毛细管导入适量空气，然后进行加热蒸馏。

（5）蒸馏完毕后先去热源，然后放气（不能太快），接着打开安全瓶活塞，最后关水泵。

（6）数据记录和处理：

$$系统压力 = 760 - 真空度(mmHg) \quad （表压）$$
$$= 0.101325 - 真空度(MPa)$$

五、实验注意事项

（1）被蒸馏液体中若含有低沸点物质时，通常先进行普通蒸馏，再进行水泵减压蒸馏，最后进行油泵减压蒸馏。

（2）装置安装后，先旋紧橡皮管上的螺旋夹，打开安全瓶上的二通活塞，使体系与大气相通；启动油泵抽气（长时间未用的真空泵，启动前应先用手转动下皮带轮，能转动时再启动），逐渐关闭二通活塞至完全关闭。注意观察瓶内的鼓泡情况（如发现鼓泡太剧烈，有冲料的危险，须立即将二通活塞旋开些），从压力计上观察体系内压力是否能符合要求，然后小心旋开二通活塞，同时注意观察压力计上的读数，调节体系内压到所需值（根据沸点与压力关系）。

（3）在系统充分抽空后通冷凝水，再加热（一般用油浴）蒸馏，一旦减压蒸馏开始，就应密切注意蒸馏情况，调整体系内压，经常记录压力和相应的沸点值，根据要求，收集不同馏分。

（4）蒸馏完毕，移去热源，慢慢旋开螺旋夹（防止倒吸），并慢慢打开二通活塞，平衡内外压力，使测压计的水银柱慢慢地恢复原状（若打开得太快，水银柱很快上升，有冲破测压计的可能），然后关闭油泵和冷却水。

六、实验数据记录和处理

将实验测得数据和处理结果填入表 2-16。

表 2-16　数据记录与处理

项　目	真空泵表压力	蒸馏系统压力	蒸馏温度
实验数据			
文献数据			

七、思考题

（1）在怎样的情况下才用减压蒸馏？

（2）使用油泵减压时，设有哪些吸收和保护装置，其作用是什么？

（3）在进行减压蒸馏时，为什么必须用热浴加热，而不能用直接火加热？为什么进行减压蒸馏时须先抽气才能加热？

（4）当减压蒸完所要的化合物后，应如何停止减压蒸馏，为什么？

实验8 升 华

一、实验目的

（1）了解升华的原理及意义。

（2）熟练掌握常压升华操作技术。

二、实验原理

某些物质在固态时具有相当高的蒸气压，当加热时，能不经过液态而直接气化，蒸气受到冷却又直接冷凝成固体。这个过程称做升华。然而对固体有机化合物的提纯来说，不管物质蒸气是由液态还是由固态产生的，重要的是使物质蒸气不经过液态而直接转变为固态，从而得到高纯度的物质。这种操作都称为升华。

图 2-14 是物质的三相平衡图。从此图可以看出应当怎样来控制升华的条件。图中曲线 ST 表示固相与气相平衡时固体的蒸气压曲线。TW 是液相与气相平衡时液体的蒸气压曲线。TV 是固相与液相的平衡曲线，它表示压力对熔点的影响。T 为三条曲线的交点，称做三相点，只有在此点，固、液、气三相才可以同时并存。三相点与物质的熔点（在大气压下固液两相平衡时的温度）相差很小，只有几分之一度。

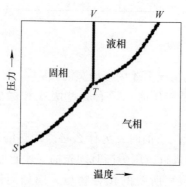

图 2-14　物质的三相平衡图

在三相点温度以下，物质只有固、气两相。升高温度，固相直接转变成蒸气；降低温度，气相直接转变成固相。因此，凡是在三相点以下具有较高蒸气压的固态物质，都可以在三相点温度以下进行升华提纯。

不同的固体物质在其三相点时的蒸气压是不一样的，因而它们升华的难易也不相同。一般来说，结构上对称性较高的物质具有较高的熔点，且在熔点温度时具有较高的蒸气压，易于用升华来提纯。例如六氯乙烷，三相点温度为 186℃，蒸气压力为 780mmHg，而它在 185℃时的蒸气压已达到 760mmHg，因而它在三相点以下就很容易进行升华。樟脑的三相点温度为 179℃，压力为 370mmHg。由于它在未达到熔点之前就有相当高的蒸气压，所以只要缓缓加热，使温度维持在 179℃以下，它就可不经熔化而直接蒸发完毕。但是若加热太快，蒸气压超过三相点的平衡压（370mmHg），樟脑就开始熔化为液体。所以，升华时加热应当缓慢进行。

和液态物质的沸点相似，固态物质的蒸气压等于固态物质所受的压力时的温度称为该固态物质的升华点。由此可见，升华点与外压有关，在常压下不易升华的物质，即在三相点时蒸气压比较低的物质（如萘在熔点 80℃时的蒸气压才 7mmHg），使用一般升华方法不能得到满意的结果。这时可将萘加热至熔点以上，使其具有较高蒸气压，同时通入空气或惰性气体，促使蒸发速度加快，并可降低萘的分压，使蒸气不经过液态而直接凝成固态。此外，还可采取减压升华的办法来纯化。

三、物理常数

实验所用各化合物的物理常数见表 2-17。

表 2-17　各化合物的物理常数

名称	相对分子质量	性状	相对密度	熔点/℃	沸点/℃
萘	128.18	白色固体	1.16	81	218
氯化钠	58.44	白色固体	2.17	801	1465

四、仪器和试剂

仪器：蒸发皿，研钵，滤纸，玻璃漏斗，酒精灯，玻璃棒，表面皿等。

试剂：樟脑或萘与氯化钠的混合物等。

五、实验内容

（1）装置搭建。称取 0.5~1g 待升华物质（可用萘与氯化钠质量比为 1∶1 的混合物），烘干后研细，均匀铺放于一个蒸发皿中，盖上一张刺有十多个小孔（直径约 3mm）的滤纸；然后将一个大小合适的玻璃漏斗（直径稍小于蒸发皿和滤纸）罩在滤纸上，漏斗颈用棉花塞住以防止蒸气外逸，减少产品损失。如图 2-15 所示。

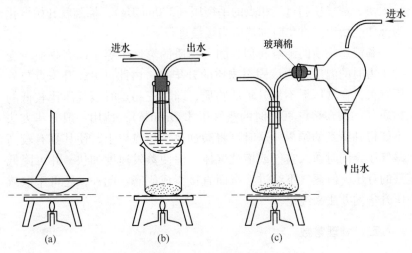

图 2-15　常压升华装置图

（2）加热。隔石棉网用酒精灯加热，慢慢升温，温度必须低于其熔点；待有蒸气透过滤纸上升时，调节灯焰，使其慢慢升华；上升蒸气遇到漏斗壁冷凝成晶体，附着在漏斗壁上或者落在滤纸上。当透过滤纸的蒸气很少时，停止加热。

（3）产品的收集。用一根玻璃棒或小刀，将漏斗壁和滤纸上的晶体轻轻刮下，置于洁净的表面皿上，即得到纯净的产品。

（4）计算收率。干燥称重，并计算产品的收率。

六、实验注意事项

（1）升华温度一定要控制在固体化合物的熔点以下。

（2）样品一定要干燥，如有溶剂，将会影响升华后固体的凝结。

（3）滤纸上小孔的直径要大些，以便蒸气上升时顺利通过。

七、实验数据记录和处理

将实验测得数据和处理结果填入表 2-18。

表 2-18　数据记录与处理

升华前萘颜色以及质量	升华后产品颜色以及质量	产率

八、思考题

（1）进行升华提纯时应注意哪些问题？

（2）升华提纯萘时，升华温度应控制在什么范围内？

实验 9 薄 层 色 谱

一、实验目的

(1) 掌握薄层色谱分离的原理。

(2) 熟悉薄层色谱分离的基本操作。

二、实验原理

色谱分离是利用混合物各组分在固定相和流动相中分配系数的不同而进行的分离。薄层色谱是利用薄层板（玻璃、塑料或金属板）上的吸附剂，对目标物质进行快速分离和定性分析的一种色谱分离方法。薄层色谱具有快速（小于 30min）、样品用量小（约几微克）以及分离效率高（相当于数千块理论塔板数）等特点。

薄层色谱分离原理是利用吸附剂对不同成分吸附力的大小及展开剂解吸附作用的差异进行分离。吸附牢的组分随展开剂移动慢，吸附弱的组分随展开剂移动快，经过一段时间后，组分即可以分离。

比移值 R_f 是薄层色谱法基本定性参数：

$$R_f = \frac{斑点中心与原点距离}{溶剂前沿与原点距离}$$

如图 2-16 所示，$R_f(A) = a/c$，$R_f(B) = b/c$。在一定条件下，R_f 为定值，其数值在 $0 \sim 1$ 之间，实际可用范围在 $0.2 \sim 0.8$ 之间，最好是 0.3。有机化合物的吸附能力与它们的极性成正比。具有较大极性的化合物吸附较强，因而 R_f 值较小。

薄层色谱可用来鉴定化合物，在条件完全一致的情况，纯粹的化合物在薄层色谱中都呈现一定的 R_f，所以利用色谱法可以鉴定化合物的纯度，或确定两种性质相似的化合物是否为同一物质。但是，影响 R_f 的因素很多，如薄层的厚度、吸附剂颗粒的大小、酸碱性、活性等级、外界温度和展开剂纯度、组成、挥发性等，所以，要获得重现的 R_f 就比较困难。为此，在测定某一试样时，最好用已知样品进行对照。薄层色谱还可用于跟踪一些有机化学反应进程，利用薄层色谱观察原料点是否消失，来判断反应完成与否。

三、物理常数

实验所用各化合物的物理常数见表 2-19。

表 2-19 各化合物的物理常数

名称	相对分子质量	性状	相对密度	熔点/℃	沸点/℃
偶氮苯	182.22	红色固体	1.02	66	293
苏丹红Ⅱ	276.33	黄色固体	1.13	157	419
乙酸乙酯	88.11	无色液体	0.90	-84	77
正己烷	86.18	无色液体	0.66	-95	68

四、仪器和试剂

仪器：层析缸（见图 2-17），玻璃板，尺子，铅笔，镊子等。

试剂：硅胶 G，羧甲基纤维素钠，苏丹红Ⅱ，偶氮苯，正己烷，乙酸乙酯等。

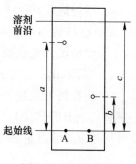

图 2-16 R_f 示意图

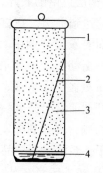

图 2-17 浸有薄层板的层析缸
1—层析缸；2—薄层板；
3—展开剂饱和蒸气；4—展开剂

五、实验内容

1. 薄层板的制备

取 3g 硅胶 G 粉置于研钵中，然后加入 8mL 5‰的羧甲基纤维素钠的水溶液，用力研磨 1~2min；至成糊状后立即倒在准备好的玻璃板中心线上，快速左右倾斜，使糊状物均匀地分布在整个板面上，厚度约为 0.25mm；然后平放于平的桌面上干燥 15min，再放入 100℃的烘箱内活化 2h，取出后放入干燥器内保存备用。

2. 点样

准备苏丹红Ⅱ、偶氮苯及两者混合样的稀释溶液各一份。在薄层板一端约 1cm 处轻轻画一直线，并标出三个样品点，样品点间距 1~1.5cm。取三个管口平整的毛细管，分别蘸取上述三种稀释液，于样品点轻轻点样（毛细管刚接触薄板即可）。斑点大小一般不超过 2mm（注：因溶液太稀或样点太小。可重复点样，但应在前次点样的溶剂挥发后，方可重复点样，以防样品点被溶解掉。样品点过大，会造成拖尾、扩散等现象，从而影响分离效果）。

3. 展开

展开剂为 27mL 正己烷和 3mL 乙酸乙酯混合液。将展开剂倒入层析缸，其高度不超过 1cm（注：如超过点样线，则样品点将被溶解掉）。薄层色谱的展开，须在密闭容器中进行。为使展开剂蒸气在缸内迅速达到平衡，在缸内壁放置一高 5cm，环绕周长约 4/5 的滤纸，下面浸入展开剂中。将已点样的薄层板小心地放入层析缸中，点样的一端朝下，浸入展开剂中约 0.5cm。一般情况，先在薄片另一端 1cm 处画一条直线，展开剂达到此线时，立即取出。如未画线，观察展开剂前沿上升到一定高度时取出，并尽快在展开剂前沿画出标记（否则，展开剂挥发后，就无法确定展开剂上升的高度）。将薄层板晾干。观察混合样品点出现的位置及与其对应样品点是否相符。

4. 计算不同样品的 R_f

以下内容从略。

六、实验注意事项

（1）铺板时，一定要铺匀，特别是边、角部分；晾干时，要放在平整的地方。

（2）点样时，点要细，直径不要大于 2mm，间隔 0.5cm 以上，浓度不可过大，以免出现拖尾、混杂现象。

七、实验数据记录和处理

将实验测得数据和处理结果填入表2-20。

表2-20 数据记录与处理

项 目	纯染料		混合染料	
	苏丹红Ⅱ	偶氮苯	苏丹红Ⅱ	偶氮苯
斑点移动距离 a/cm				
溶剂移动距离 b/cm				
R_f				

八、思考题

（1）在薄层色谱分离实验中，为什么点样的样品斑点不可浸入展开剂的溶液中？为什么进行薄层色谱分离时，层析缸要盖上盖？

（2）当用混合物进行薄层色谱分离时，如何判断各组分在薄层板上的位置？苏丹红Ⅱ与偶氮苯，哪一个的极性较强，为什么？

知识链接：薄层色谱

1. 固定相的选择

氧化铝和硅胶是薄层色谱常用的固定相。氧化铝多用于分离碱性或中性有机物；而硅胶主要用于分离酸性、中性有机物质。

薄层色谱用的硅胶有 60G、60GF254、60H、60HF254 和 60HF254+366 等类型，其中 G 表示含有 13%硫酸钙（作为黏合剂）；H 表示不含硫酸钙；F254 表示含有 2%无机荧光物质，在 254nm 的紫外光照射下发出绿色荧光。与硅胶相似，氧化铝也因含有黏合剂或荧光剂而分为氧化铝 H、氧化铝 G、氧化铝 HF254 和氧化铝 GF254 等类型。黏合剂除硫酸钙外，还可用淀粉、羧甲基纤维素钠。

2. 操作方法

（1）点样。在薄层板一端约 1cm 处，用铅笔轻轻划一条作为起点线。样品用易挥发性溶剂溶解后，用毛细管吸取样品溶液，轻轻接触到起点线的某一位置上。如果溶液太稀，可多点几次，但要等第一次样品溶剂挥发后，再点第二次。点好样品后，待溶剂挥发干净，才可以进行下面的展开过程。

（2）展开剂的选择。选择展开剂，首先应考虑对被分离物有一定的溶解度和解吸能力。由于硅胶和氧化铝都是极性吸附剂，所以展开剂的极性越大，试样在薄板上移动的距离越远，R_f 值越大。例如，在分离过程中发现 R_f 太小，说明展开剂极性不够，需要考虑加入一种极性强的展开剂进行调控；反之亦然。

常用展开剂的洗脱力由小到大的顺序为：石油醚、环己烷、四氯化碳、二氯甲烷、氯仿、乙醚、四氢呋喃、乙酸乙酯、丙酮、正丁醇、乙醇、甲醇、水、乙酸、吡啶、有机酸等。

此外，在展开过程中，层析缸内展开剂的蒸气须始终处于饱和状态。一般可用一块方型滤纸贴于缸壁上（下端浸于展开剂中），盖好密封一段时间。用镊子取放薄层板时，动作应迅速。

（3）显色。展开后，要等溶剂挥发完才能显色。若被分离的是有色组分，展开板上即呈现出有色斑点。若化合物本身无色，则可以在紫外荧光灯观察有无荧光斑点；或用碘蒸气熏的方法显色，看其斑点。用铅笔轻轻画出斑点位置，计算 R_f 值。

实验 10 柱 色 谱

一、实验目的

（1）掌握柱色谱分离的原理及其应用。
（2）掌握柱色谱分离的实验操作技能。

二、实验原理

柱色谱是分离混合物和提纯少量有机物一种有效方法。常用的柱色谱有吸附柱色谱和分配柱色谱，实验室最常用的是吸附柱色谱，如图 2-18 所示。柱色谱的基本原理是利用混合物各组分在某一物质中的吸附或溶解性能（即分配）的不同，混合物的溶液流经该种物质进行反复的吸附或分配等作用，从而将各组分分开。

由于不同化合物吸附能力不同，因而在洗脱时以不同的速度沿柱向下流动，吸附能力弱的组分随溶剂首先流出。在连续洗脱过程中，不同组分或不同色带就能分别收集，从而达到分离纯化的目的。

柱色谱常用的吸附剂有氧化铝、硅胶、氧化镁、碳酸钙、活性炭和纤维素粉。吸附剂不能与被分离物或展开剂发生化学反应。吸附剂的吸附能力与吸附剂颗粒大小以及含水量有关，一般选择吸附剂颗粒尺寸为 $100 \sim 150$ 目，含水量为 $6\% \sim 10\%$（即 Ⅱ ~ Ⅲ 级）。

柱色谱的洗脱剂通常根据被分离物中各组分的极性、溶解度和吸附活性等来考虑。

图 2-18 柱色谱

先将待分离的样品溶于尽量少的非极性溶剂中，从柱顶流入柱中，依次增大洗脱剂的极性，将不同化合物依次洗脱（梯度洗脱）。常用洗脱剂的极性从小到大的顺序为：石油醚、环己烷、四氯化碳、甲苯、苯、二氯甲烷、氯仿、乙醚、乙酸乙酯、丙酮、乙醇、甲醇、水和乙酸。

三、物理常数

实验所用各化合物的物理常数见表 2-21。

表 2-21　各化合物的物理常数

名称	相对分子质量	性状	相对密度	熔点/℃	沸点/℃
乙醇	46.07	无色液体	0.78	−114.5	78.4
亚甲基蓝	319.85	绿色固体	0.98	215	分解
荧光黄	332.31	黄色固体	1.12	126	620.8

四、仪器和试剂

仪器：色谱柱，棉花，锥形瓶，漏斗等。

试剂：乙醇，氧化铝，亚甲基蓝，荧光黄，氨水等。

五、实验内容

（1）取一支色谱柱，在柱子的收缩部塞一小团脱脂棉花，注意松紧要适度；然后在棉花上铺一层粗硅胶或石英砂。

（2）将色谱柱垂直固定在铁架台上，往柱内加适量 70%乙醇溶液，打开活塞，排出气泡。

（3）向柱中倒入适量 70%乙醇溶液，打开活塞，控制滴速为 1滴/秒，用小锥形瓶承接；同时通过漏斗慢慢装入 5g 氧化铝，使其逐渐沉入底部。

（4）加完吸附剂后，在吸附剂上再盖一张直径大小合适的小滤纸。

（5）当溶剂的液面刚好流至滤纸面时，关闭二通活塞，立即用移液管加入 1mL 亚甲基蓝和荧光黄的乙醇混合液（亚甲基蓝和荧光黄各为 0.40g/L），尽量避免待分离混合液粘附在柱的内壁上。

（6）打开二通活塞，等柱内的溶剂恰好流到滤纸面时，关闭二通活塞，向柱内加入 70%乙醇，打开二通活塞进行洗脱。

（7）用锥形瓶收集蓝色的亚甲基蓝溶液。

（8）当蓝色溶液收集完后，等柱内的 70%乙醇溶液恰好流到滤纸面时，关闭二通活塞，加入适量 2%氨水作为洗脱剂。打开二通活塞收集黄绿色的荧光黄溶液，直到其完全被洗出。

（9）分别蒸馏掉亚甲基蓝溶液和荧光黄溶液中的溶剂，称量所得固体的质量，并计算各自产率。

（10）分离结束后，应先让溶剂尽量流干，然后倒置，用吸耳球从活塞口向管内挤压空气，将吸附剂从柱顶挤压出。使用过的吸附剂倒入垃圾桶里，切勿倒入水槽，以免造成堵塞。

六、实验注意事项

（1）色谱柱填充要紧密，要求无断层、无缝隙。若松紧不匀，特别是有断层时，会影响流速和色带的均匀。但如果装柱时过分地敲击，会使色谱柱填充过紧，从而导致流速太慢。

（2）在装柱、洗脱过程中，始终保持有洗脱剂覆盖住吸附剂。

（3）在洗脱过程中，一定注意一个色带与另一色带的洗脱液的接受不要交叉，否则两组分不能完全地分离。

七、实验数据记录和处理

将实验测得数据和处理结果填入表 2-22。

表 2-22   数据记录与处理

两产品各自颜色	两产品各自状态	两产品各自质量	未分离前各自质量	两产品各自产率

八、思考题

（1）在柱色谱分离荧光黄时，为什么洗脱剂用的是氨水？

（2）亚甲基蓝和荧光黄，哪一种物质极性大，为什么？

3 常见有机化合物的验证实验

实验 11　环己烯的制备

一、实验目的

(1) 掌握由环己醇制备环己烯的原理和方法。

(2) 熟悉分馏、洗涤、分液、干燥和蒸馏等操作。

(3) 了解消去反应的特点。

二、实验原理

分子质量较低的烯烃（如乙烯、丙烯、丁二烯等）是化学合成工业的基本原料，是由石油裂解分离后得到的。实验室制备烯烃时，主要采用醇脱水及卤代烷脱卤化氢两种方法。

实验室中，通常用环己醇脱水制备环己烯，所用的催化剂有浓硫酸、浓磷酸、对甲苯磺酸、强酸性质子交换树脂、杂多酸和 Bronsted 酸功能化离子液体等。本实验用浓硫酸，其反应方程式为：

$$\overset{OH}{\bigcirc} \xrightarrow{\text{浓}H_2SO_4} \bigcirc + H_2O$$

整个反应是可逆的，为了促使反应顺利进行，必须不断地蒸出所生成沸点较低的烯烃。另外，由于高浓度的酸会导致烯烃的聚合、醇分子间的失水及碳架的重排，因此反应中常伴有副产物——烯烃的聚合物和醚的生成。

三、物理常数

实验所用各化合物的物理常数见表 3-1。

表 3-1　各化合物的物理常数

名称	相对分子质量	性状	相对密度	熔点/℃	沸点/℃
环己醇	100.16	无色液体	0.96	25	161
环己烯	82.14	无色液体	0.81	-104	83
浓硫酸	98.04	无色液体	1.84	10	338
碳酸钠	105.99	白色固体	2.53	851	1600

四、仪器和试剂

仪器：圆底烧瓶，分馏装置，分液漏斗，量筒等。

试剂：环己醇，浓硫酸，食盐，无水氯化钙，碳酸钠等。

实验装置见图 2-5。

五、实验内容

（1）在 50mL 干燥的圆底烧瓶中，加入 15.6mL 环己醇、1mL 浓硫酸和两粒沸石，充分振摇使其混合均匀。

（2）烧瓶上装一短的分馏柱作分馏装置，接上冷凝管并用锥形瓶作接收器，接收器外用冰水冷却。

（3）将烧瓶在石棉网上用小火慢慢加热，控制加热速度使分馏柱上端的温度不要超过 90℃，蒸馏液为带水的混合物。

（4）当烧瓶中只剩下很少量的残渣并出现阵阵白雾时，即可停止蒸馏。全部蒸馏时间约需 1h。

（5）将蒸馏液用 10mL 饱和氯化钠洗涤三次，下层水溶液自漏斗下端活塞放出。

（6）在分液漏斗中加入 10mL 饱和碳酸钠溶液洗涤一次，下层水溶液自漏斗下端活塞放出。

（7）将上层的粗产物自漏斗的上口倒入干燥的小锥形瓶中，加入 1~2g 无水氯化钙干燥。

（8）将干燥后的产物转入到干燥的蒸馏瓶中，加入沸石后用水浴加热蒸馏，收集 80~85℃的馏分于干燥小锥形瓶中。

（9）量取馏分体积，并计算产率。

六、注意事项

（1）环己醇在常温下是黏稠液体（熔点为 24℃），若用量筒量取，应注意转移中的损失。环己醇与浓硫酸应充分混合，否则在加热过程中会局部炭化。

（2）最好用简易空气浴，即将烧瓶底部向上移动，稍微离开石棉网进行加热，使蒸馏瓶受热均匀。由于反应中环己烯与水形成共沸物（沸点 70.8℃，含水 10%），环己醇与环己烯形成共沸物（沸点 64.9℃，含环己醇 30.5%），环己醇与水形成共沸物（沸点 97.8℃，含水 80%），因此，在加热时温度不可过高，蒸馏速度不宜太快，以降低未反应的环己醇蒸出量。

（3）水层应尽可能分离完全，否则将增加无水氯化钙的用量，使产物更多地被干燥剂吸附而带来损失。这里用无水氯化钙，不但可以干燥产物，而且可除去少量环己醇。

（4）在蒸馏已干燥的产物时，蒸馏所用仪器都应充分干燥。

七、实验数据记录和处理

将实验测得数据和处理结果填入表 3-2。

表 3-2　数据记录与处理

产品颜色	产品状态	产品体积	环己醇体积	产率

八、思考题

（1）在制备环己烯过程中，环己醇与浓硫酸为什么要充分摇匀？

（2）如何用简单的化学方法来证明最后得到的产品是环己烯？

（3）粗产品后处理过程中，饱和氯化钠、饱和碳酸钠所起的作用是什么？

实验 12　1-溴丁烷的制备

一、实验目的

（1）掌握由正丁醇制备 1-溴丁烷的原理和方法。

（2）掌握有害气体吸收装置的操作。

（3）熟悉回流、萃取、洗涤、干燥和蒸馏等基本操作。

二、实验原理

卤代烷可通过多种方法和试剂进行制备，如烷烃的自由基卤代和烯烃与氢卤酸的亲电加成反应等。但因产生的异构体混合物难以分离，实验室制备卤代烷最常用的方法是将结构对应的醇通过亲核取代反应转变为卤代物。常用试剂有卤化氢、三卤化磷和氯化亚砜。

本实验是用正丁醇与氢溴酸反应制备，由于氢溴酸是一种极易挥发的无机酸，因此，在制备时采用溴化钠与硫酸作用产生氢溴酸直接参与反应。

主反应：

$$NaBr + H_2SO_4 \longrightarrow HBr + NaHSO_4$$

$$n\text{-}C_4H_9OH + HBr \xrightarrow{H_2SO_4} n\text{-}C_4H_9Br + H_2O$$

副反应：

$$n\text{-}C_4H_9OH \xrightarrow{H_2SO_4} CH_3CH_2CH \!=\! CH_2 + H_2O$$

$$2n\text{-}C_4H_9OH \xrightarrow{H_2SO_4} (n\text{-}C_4H_9)_2O + H_2O$$

为了尽量使正丁醇反应完全，实验中加入过量的硫酸和溴化钠。若硫酸用量和浓度过高，会加大副反应进行；若硫酸用量和浓度过低，则不利于主反应发生，即氢溴酸和 1-溴丁烷的生成。

在浓硫酸的作用下，正丁醇容易脱水形成正丁烯，因此需加入少量水以降低硫酸的浓度。

三、物理常数

实验所用各化合物的物理常数见表 3-3。

表 3-3　各化合物的物理常数

名称	相对分子质量	性状	相对密度	熔点/℃	沸点/℃
正丁醇	74.12	无色液体	0.80	−89	118
1-溴丁烷	137.02	无色液体	1.30	−11	102
浓硫酸	98.04	无色液体	1.84	10	338
碳酸钠	105.99	白色固体	2.53	851	1600
溴化钠	102.89	白色固体	3.20	747	1390

四、仪器和试剂

仪器：圆底烧瓶，蒸馏烧瓶，蒸馏头，冷凝管，尾接管，分液漏斗，玻璃漏斗，锥形瓶等。如图 3-1 所示。

试剂：正丁醇，无水溴化钠（或溴化钾），浓硫酸，碳酸钠，无水氯化钙等。

五、实验内容

（1）在 50mL 圆底烧瓶中加入 5mL 水，并仔细地加入 6mL 浓硫酸，混合均匀并冷却至室温。

（2）在圆底烧瓶中，再依次加入 3.7mL 正丁醇和 5g 研细的溴化钠，充分振摇后，加入 1~2 粒沸石。

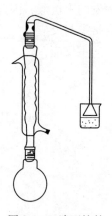

图 3-1　1-溴丁烷的
制备实验装置图

（3）烧瓶上安装一回流冷凝管，冷凝管的上口连接气体吸收装置以吸收逸出的溴化氢气体。将烧瓶放在石棉网上用小火加热至沸，保持平稳回流 30min，并间歇摇动反应装置，以使反应物充分接触。

（4）将反应物冷却，移去回流冷凝管，再加入 1~2 粒沸石，改为蒸馏装置，蒸出粗产物 1-溴丁烷，收集温度是 92~94℃。

（5）将馏出液倒入分液漏斗中，加入等体积的水洗涤。

（6）将粗产物移至另一干燥的小锥形瓶中，加入等体积的浓硫酸并充分摇匀；冷却后将混合物慢慢倒入分液漏斗中，静置并分离掉硫酸层。

（7）将有机层依次用等体积的水、饱和碳酸钠溶液和水进行洗涤。

（8）将下层的粗产物放入干燥的小锥形瓶中，用适量的块状无水氯化钙干燥，间歇摇动锥形瓶，直至液体澄清。

（9）将干燥好的产物过滤后倒入蒸馏烧瓶中，加入 1~2 粒沸石，在石棉网上用小火加热蒸馏，收集 99~103℃的馏分。

（10）量取馏分体积，并计算产率。

六、注意事项

（1）加料顺序不能颠倒。应先加水，再加浓硫酸，依次是醇、NaBr。加水的目的是减少 HBr 的挥发，防止产生泡沫。

（2）加料过程中，要不断地摇晃，水中加浓硫酸时振摇，是防止局部过热；加正丁醇时混匀，是防止局部炭化；加 NaBr 时振摇，是防止 NaBr 结块，影响 HBr 的生成。

（3）在回流过程中，要不断地摇动烧瓶，增加两相分子的接触几率。

（4）吸气装置漏斗口不要淹没在水中，以防倒吸。

（5）正丁醇和正溴丁烷可形成共沸物（沸点 98.6℃，含正丁醇 13%），故必须除净正丁醇。浓硫酸能溶解存在于粗产物中少量未反应的正丁醇及副产物正丁醚等杂质，因此在用浓硫酸洗涤时，应充分振荡。

（6）用无水氯化钙干燥时，不仅可除去水分，还可除去醇类。因为醇类化合物（特别是低级醇）可与氯化钙作用生成结晶醇而不溶于有机溶剂。

（7）判断粗产物是否蒸完的标准：馏出液由浑浊变澄清；蒸馏烧瓶内油层（上层）消失；取几滴馏出液，加少量水摇动，如无油珠，表示已蒸馏完毕。

（8）蒸馏出粗品正溴丁烷后，烧瓶内残余物应趁热倒出后洗涤，以防止结块后难以处理。

（9）各步洗涤顺序不能颠倒，应正确判断产物相。

七、实验数据记录和处理

将实验测得数据和处理结果填入表 3-4。

表 3-4 数据记录与处理

产品颜色	产品状态	产品体积	正丁醇体积	产率

八、思考题

（1）为什么要慢慢地分批加入浓硫酸？

（2）为什么反应开始时，反应液分为三层，每一层是什么物质？

（3）在每一步洗涤时，粗产品分别在分液漏斗的哪一层？

实验 13 2-甲基-2-氯丙烷的合成

一、实验目的

（1）学习以浓盐酸、叔丁醇为原料制备 2-甲基-2-氯丙烷的实验原理。

（2）进一步巩固蒸馏的基本操作和分液漏斗的使用方法。

二、实验原理

卢卡斯试剂（$HCl+ZnCl_2$）可用来鉴别伯醇、仲醇和叔醇。一般来说，在碳原子数目相同的情况下，不同醇的反应活性按以下顺序下降：叔醇、仲醇和伯醇。叔醇在室温下可迅速与卢卡斯试剂发生反应，而伯醇则需要一定温度和时间。

即使在氯化锌不存在，叔丁醇也能与浓盐酸发生反应，但是反应需要较长时间，其反应式为

$$CH_3 - \overset{\overset{\displaystyle CH_3}{|}}{\underset{\underset{\displaystyle CH_3}{|}}{C}} - OH \quad + \quad HCl \longrightarrow CH_3 - \overset{\overset{\displaystyle CH_3}{|}}{\underset{\underset{\displaystyle CH_3}{|}}{C}} - Cl \quad + H_2O$$

在本实验中，由于叔丁醇比 2-甲基-2-氯丙烷沸点高 30℃，因此可通过普通蒸馏将产物从反应体系中分离出来。

三、物理常数

各化合物的物理常数见表 3-5。

表 3-5 各化合物的物理常数

名称	相对分子质量	性状	相对密度	熔点/℃	沸点/℃
叔丁醇	74	无色液体	0.79	25	82
盐酸	37	无色液体	1.20	−115	109
叔丁基氯	93	无色液体	0.87	−25	52
无水氯化钙	111	白色固体	2.15	782	1600

四、仪器和试剂

仪器：圆底烧瓶，直形冷凝管，分液漏斗，温度计，锥形瓶，烧杯，电热套等。如图 3-2 所示。

试剂：叔丁醇，浓盐酸，碳酸氢钠，无水氯化钙等。

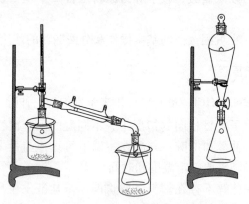

图 3-2　2-甲基-2-氯丙烷实验装置图

五、实验内容

（1）在 50mL 圆底烧瓶中，加入 8mL 叔丁醇和 21mL 浓盐酸后，搅拌 10~15min。

（2）将混合物转入分液漏斗中，静置，待明显分层后，分去水层（下层）。有机层分别用 5mL 的水、5mL 5%碳酸氢钠溶液和 5mL 水洗涤，而后用无水氯化钙干燥。

（3）将干燥后的产品过滤后转入蒸馏烧瓶中进行蒸馏，接收瓶置于冰水浴中，收集 50~51℃馏分。

（4）量取馏分体积，并计算产率。

六、实验注意事项

（1）叔丁醇凝固点较低，可能呈固态，需用温水熔化后取用。

（2）2-甲基-2-氯丙烷由于分子间没有氢键，沸点较低，可以通过蒸馏来提取。

七、实验数据记录和处理

将实验测得数据和处理结果填入表 3-6。

表 3-6 数据记录与处理

产品颜色	产品状态	产品体积	叔丁醇体积	产率

八、思考题

（1）在洗涤粗产品时，若碳酸氢钠溶液浓度过高，洗涤时间过长，将对产物有何影响，为什么？

（2）2-甲基-2-氯丙烷的制备实验中，所得反应混合物中未反应的叔丁醇如何除去？

实验 14　苯乙醚的制备

一、实验目的

（1）掌握苯乙醚的制备方法和原理。

（2）巩固分液、蒸馏和回流的操作。

二、实验原理

威廉姆逊合成法（Williamson 合成法）是制备混合醚的一种方法，是由卤代烃与醇钠或酚钠作用而得。该反应是一种双分子亲核取代反应（S_N2）。威廉姆逊合成法中只能选用伯卤代烷与醇钠为原料。这是因为醇钠既是亲核试剂又是强碱，仲卤代烷和叔卤代烷（特别是后者）在强碱条件下主要发生消除反应而生成烯烃。反应过程中所使用的碱取决于醇羟基的酸性，若醇是烷基醇类，则一般都是强碱，比如 NaH，KH，LDA，LHMDS，NaHMDS 等；而针对酚羟基这种强酸性羟基，则可以使用 NaOH，Na_2CO_3，K_2CO_3 这些较弱的路易斯碱。

本实验的反应式为

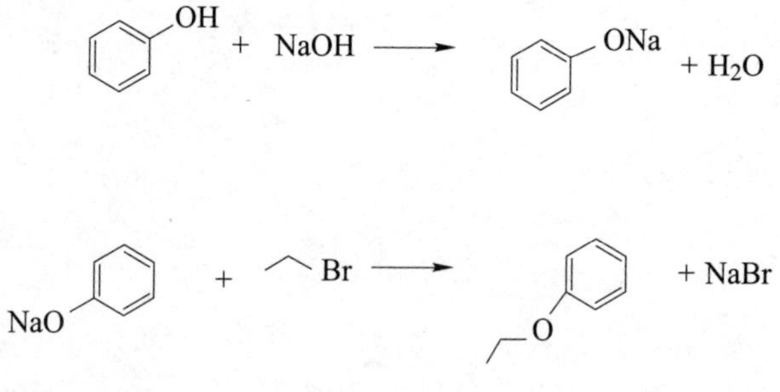

三、物理常数

实验所用各化合物的物理常数见表 3-7。

四、仪器和试剂

仪器：三口烧瓶，搅拌器，球形冷凝管，滴液漏斗，量筒，温

表 3-7　各化合物的物理常数

名称	相对分子质量	性状	相对密度	熔点/℃	沸点/℃
溴乙烷	108.96	无色液体	1.46	−119	38
苯酚	94.11	无色固体	1.07	40	182
氢氧化钠	39.99	白色固体	2.13	318	1390
氯化钙	110.98	白色固体	2.15	782	1600
苯乙醚	122.16	无色液体	0.97	−30	172

度计，温度计套管，分液漏斗，玻璃棒，电炉，烧杯，布氏漏斗，抽滤瓶，锥形瓶，圆底烧瓶，空气冷凝管，蒸馏头，尾接管等。如图 3-3 所示。

试剂：苯酚，氢氧化钠，溴乙烷，无水氯化钙，氯化钠，沸石等。

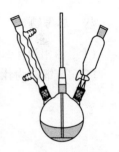

图 3-3　苯乙醚制备
实验装置图

五、实验内容

（1）在装有搅拌器、球形冷凝管和滴液漏斗的三口烧瓶内，加入 7.5g 苯酚、4.0g 氢氧化钠和 4.0mL 水。开动搅拌器，使固体物质全部溶解。

（2）用油浴加热反应瓶，控制温度在 80~90℃，通过滴液漏斗慢慢滴加 8.5mL 溴乙烷，大约耗时 40min。继续搅拌 1h，降至室温。

（3）加入 20mL 水溶解反应瓶中的固体，而后经过分液留取油相。所得到的油相先后进行 3 次 10mL 饱和食盐水洗涤。

（4）经过无水氯化钙干燥后，过滤。

（5）所得油相经普通蒸馏，收集 168~171℃的馏分。

（6）量取馏分体积，并计算产率。

六、实验注意事项

（1）蒸馏的玻璃仪器要完全干燥，否则蒸出的产物中含有水分，而非澄清透明。

（2）溴乙烷沸点低，回流时冷却水的流量要大，以保证足够量的溴乙烷参与反应。

七、实验数据记录和处理

将实验测得数据和处理结果填入表 3-8。

表 3-8　数据记录与处理

产品颜色	产品状态	产品体积	苯酚质量	产率

八、思考题

（1）油相为什么经过饱和食盐水洗涤，作用是什么？

（2）蒸馏时为什么选择空气冷凝管？

实验 15　正丁醚的制备

一、实验目的

（1）掌握醇分子间脱水制醚的反应原理和实验方法。
（2）学习分水器的实验操作。
（3）巩固分液漏斗的实验操作。

二、实验原理

醇分子间脱水是制备简单醚的一种常见的方法。在酸的作用下，醇的羟基发生质子化，增加了 α-C 的亲电性和羟基的离去性，使其更易发生双分子的亲核取代，而后失去质子即可得到醚。正丁醚制备的反应式为：

主反应：

$$\diagdown\diagup\diagdown OH \xrightarrow[134\sim135\text{℃}]{H_2SO_4} \diagdown\diagup O\diagdown\diagup + H_2O$$

副反应：

$$\diagdown\diagup\diagdown OH \xrightarrow[>135\text{℃}]{H_2SO_4} \diagup\diagdown + H_2O$$

该反应一般是在 135℃ 条件下进行，如果温度过高（高于 150℃），则会发生消除反应，生成烯烃。本反应为可逆过程，需要不断将反应产物水或醚蒸出，使反应向着有利于生成醚的方向进行。在本实验中，水的不断蒸出是借助于分水器实现的。

三、物理常数

实验所用各化合物的物理常数见表 3-9。

四、仪器和试剂

仪器：三口瓶，球形冷凝管，分水器，蒸馏头，尾接管，蒸馏

表 3-9　各化合物的物理常数

名称	相对分子质量	性状	相对密度	熔点/℃	沸点/℃
正丁醇	74.12	无色液体	0.81	−89	117
正丁醚	130.23	无色液体	0.77	−98	142
浓硫酸	98.08	无色液体	1.84	10	338

瓶，升降台，万能夹，双顶丝，温度计，分液漏斗，蒸馏瓶，电加热套等，如图 3-4 所示。

试剂：正丁醇，浓硫酸，无水氯化钙，氢氧化钠，氯化钙等。

五、实验内容

（1）在 50mL 三口烧瓶中，加入 15.5mL 正丁醇、2.5mL 浓硫酸和几粒沸石，摇匀后，一口装上温度计，温度计插入液面以下；中间一口装上分水器，分水器的上端接一回流冷凝管，在分水器内放置 $(V-1.7)$mL 水；另一口用塞子塞紧。

图 3-4　正丁醚的制备
实验装置图

（2）将三口瓶放在电热套上用小火加热至微沸，进行分水。反应中产生的水经冷凝后收集在分水器的下层，上层有机相积至分水器支管时，即可返回烧瓶。三口瓶中反应液温度可达130~136℃。当分水器全部被水充满时，停止反应。

（3）将反应液冷却到室温后倒入分液漏斗中，用 8mL 50%硫酸萃取分别洗涤两次，静置后弃去下层液体。

（4）上层粗产物分别用 10mL 水洗涤两次，取上层液用 1g 无水氯化钙干燥。

（5）将干燥后的产物滤入 25mL 蒸馏瓶中，并加入 2 粒沸石进行蒸馏，收集 140~144℃馏分。

（6）量取产物的体积，并计算产率。

六、实验注意事项

（1）加料时，正丁醇和浓硫酸如不充分摇动混匀，则硫酸局部过浓，加热后易使反应溶液变黑。

（2）按反应式计算，生成水的量为 0.8g 左右，但是实际分出水的体积要略大于理论计算量，因为有单分子脱水的副产物生成。

（3）本实验利用共沸混合物蒸馏方法，采用分水器使反应生成的水层上面的有机层不断流回到反应瓶中，而将生成的水除去。在反应液中，正丁醚和水形成共沸物，沸点为 94.1℃，含水 33.4%。正丁醇和水形成共沸物，沸点为 93℃，含水 45.5%；正丁醚和正丁醇形成二元共沸物，沸点为 117.6℃，含正丁醇 82.5%；此外，正丁醚还能和正丁醇、水形成三元共沸物，沸点为 90.6℃，含正丁醇34.6%，含水 29.9%。这些含水共沸物冷凝后，在分水器中分层。上层主要是正丁醇和正丁醚，下层主要是水。利用分水器可以使分水器上层的有机物流回反应器中。

（4）反应开始回流时，因为有共沸物的存在，温度不可能立即达到135℃。但随着水被蒸出，温度逐渐升高，最后达到135℃以上，应立即停止加热。如果温度升得太高，反应溶液会炭化变黑，并有大量副产物丁烯生成。

（5）50%硫酸的配制方法：20mL 浓硫酸缓慢加入 34mL 水中。

（6）正丁醇能溶于 50%硫酸，而正丁醚溶解很少。

（7）本实验根据理论计算失水体积为 1.5mL，故分水器充满水后先放掉约 1.7mL 水。

（8）制备正丁醚的较宜温度是 130~140℃，但开始回流时，这个温度很难达到，因为正丁醚可与水形成共沸点物（沸点 94.1℃，含水 33.4%）；另外，正丁醚与水及正丁醇形成三元共沸物（沸点90.6℃，含水 29.9%，正丁醇 34.6%），正丁醇也可与水形成共沸物（沸点93℃，含水 44.5%），故应在 100~115℃之间反应半小时之后，可达到130℃以上。

（9）正丁醇可溶于饱和氯化钙溶液中，而正丁醚微溶。

七、实验数据记录和处理

将实验测得数据和处理结果填入表 3-10。

表 3-10　数据记录与处理

产品颜色	产品状态	产品体积	正丁醇体积	产率

八、思考题

（1）如何得知反应进行已经比较完全？

（2）能否用本实验方法由乙醇和 2-丁醇制备乙基仲丁基醚，该物质用什么方法制备比较好？

（3）本实验中，分水器充满水后先放掉水的量超过理论数值，其原因是什么？

（4）粗产品先后用 50%硫酸以及水洗涤，其目的是什么？

实验 16 2-甲基-2-己醇的制备

一、实验目的

(1) 了解格氏试剂制备方法及其在有机合成中的应用。

(2) 掌握制备格氏试剂的基本操作。

(3) 巩固回流、萃取和蒸馏等操作技能。

二、实验原理

卤代烷烃与金属镁在无水乙醚中反应生成烃基卤化镁 RMgX，称为格氏试剂。本实验使用正溴丁烷与金属镁在无水乙醚中反应生成正丁基溴化镁。该反应是正溴丁烷在金属镁表面发生均裂，是以自由基机理方式进行的。反应体系要求无水无氧条件。其中无水条件是因为含有活泼氢的物质将抑制自由基的产生，从而淬灭生成的烷基溴化镁；无氧条件是因为氧气可以在金属镁表面形成氧化膜，抑制反应进行，淬灭自由基链式反应。

本实验应在无水无氧条件下操作，但考虑到实验装置的复杂性且使用乙醚作为溶剂可以辅助排出氧气，因此只要求无水条件。这首先是因为乙醚的蒸气压高、沸点低，可以在较低温度下回流，并通过逸出的蒸气排除体系内的空气。其次是乙醚可以与生成的格氏试剂发生络合反应，能够稳定存在于体系中。在制备格氏试剂时，要加入数粒的碘，这是因为碘溶解体系后可以与镁发生氧化还原反应，生成 MgI_2 溶解于乙醚中，从而形成新的活性金属表面，加速反应进行。此外，生成的 I^- 可以亲核进攻体系中的卤代烷，形成活性更高的碘代烷，加速反应进行。另外，碘可以作为反应引发操作的指示剂，当碘的颜色褪去时，即可认为反应引发完成。

向原位制备的格氏试剂中加入丙酮，格氏试剂首先与羰基氧配合，然后烷基作为亲核试剂，进攻丙酮的羰基碳，形成亲核加成产物。该反应是以四元环过渡态进行的。加入稀酸使烷氧基溴化镁水解，即得到相应的醇。

本实验的反应式为：

$$\text{Br} \xrightarrow[\text{无水乙醚}]{\text{Mg}} \text{MgBr}$$

$$\text{(丙酮)} + \text{MgBr} \xrightarrow{\text{无水乙醚}} \text{OMgBr}$$

$$\text{OMgBr} \xrightarrow{\text{酸性水解}} \text{OH}$$

三、物理常数

实验所用各化合物的物理常数见表 3-11。

表 3-11　各化合物的物理常数

名　称	相对分子质量	性状	相对密度	熔点/℃	沸点/℃
镁	24.3	白色固体	1.74	648	1107
2-甲基-2-己醇	116.2	无色液体	0.81	−30	143
正溴丁烷	137.0	无色液体	1.27	−112	101
碘	253.8	黑色固体	1.32	113	184
丙酮	58.1	无色液体	0.78	−95	56
乙醚	74.1	无色液体	0.71	−116	35

四、仪器和试剂

仪器：三口瓶，搅拌器，滴液漏斗，干燥管，球形冷凝管等。
如图 3-5 所示。

试剂：镁屑，正溴丁烷，丙酮，乙醚，硫酸，碳酸钠，碳酸钾，
碘粒。

五、实验内容

1. 正丁基溴化镁的制备

向三口瓶内投入 3.1g 镁屑、15mL 无水乙醚及 1 个碘粒，在恒

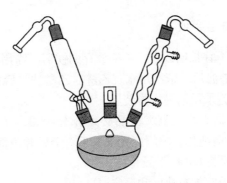

图 3-5　2-甲基-2-己醇的制备实验装置图

压滴液漏斗中加入 13.5mL 正溴丁烷和 15mL 无水乙醚混合液。

先向瓶内滴入约 5mL 混合液，数分钟后溶液呈微沸状态，碘的颜色消失。若不发生反应，可用温水浴加热。反应开始比较剧烈，必要时可用冷水浴冷却。待反应缓和后，从冷凝管上端加入 25mL 无水乙醚。开启搅拌，并滴入其余的正溴丁烷与无水乙醚混合液，控制滴加速度使反应液维持微沸状态。滴加完毕后，在热水浴上回流 20min，使镁屑完全发生反应。

2. 2-甲基-2-己醇的制备

将上面制好的格式试剂在冰水浴冷却和搅拌下，自恒压滴液漏斗中滴入 10mL 丙酮和 15mL 无水乙醚的混合液，控制滴加速度，勿使反应过于剧烈。加完后，在室温下继续搅拌 15min（溶液中可能有白色黏稠状固体析出）。将反应瓶在冰水浴冷却和搅拌下，自恒压滴液漏斗中分批加入 100mL 10%硫酸溶液，分解上述加成产物（开始滴入宜慢，以后可逐渐加快）。待分解完全后，将溶液倒入分液漏斗中，分出醚层。分别用 25mL 乙醚萃取水层两次，合并醚层。用 30mL 5%碳酸钠溶液洗涤一次，分液后，用无水碳酸钾干燥。

3. 装配蒸馏装置

将干燥后的粗产物醚溶液过滤后倒入烧瓶中，用温水浴蒸去乙醚，再在石棉网上直接加热蒸出产品，收集 137~141℃馏分。

量取产物的体积，并计算产率。

六、实验注意事项

（1）镁屑不宜长期放存。长期放存的镁屑，需用5%的盐酸溶液浸泡数分钟，抽滤后，依次用水、乙醇、乙醚洗涤后，进行干燥。

（2）本实验采用简易密封装置。

（3）本实验所用仪器、药品必须充分干燥。正溴丁烷用无水 $CaCl_2$ 干燥并蒸馏纯化，丙酮用无水 K_2CO_3 干燥并蒸馏纯化。仪器与空气连接处必须装 $CaCl_2$ 干燥管。

（4）注意控制加料速度和反应温度。

（5）使用和蒸馏低沸点物质乙醚时，要远离火源。

七、实验数据记录和处理

将实验测得数据和处理结果填入表 3-12。

表 3-12　数据记录与处理

产品颜色	产品状态	产品体积	丙酮体积	产率

八、思考题

（1）实验中，将格氏试剂与加成物反应水解前各步中，为什么使用的药品、仪器均需绝对干燥？应采取什么措施？

（2）反应若不能立即开始，应采取什么措施？

（3）实验中有哪些可能的副反应？应如何避免？

（4）由格式试剂与羰基化合物反应制备 2-甲基-2-己醇，还可采用何种原料？写出反应式。

实验 17　苯乙酮的制备

一、实验目的

（1）学习傅瑞德尔-克拉夫茨（Friedel-Crafts）酰基化法制备芳酮的原理和方法。

（2）熟练掌握有害气体吸收装置的安装及使用。

二、实验原理

傅瑞德尔-克拉夫茨酰基化反应是制备芳香酮的最重要和最常用的方法之一，可用 $FeCl_3$、$SnCl_2$、BF_3、$ZnCl_2$、$AlCl_3$ 等 Lewis 酸作催化剂，催化性能以无水 $AlCl_3$ 和无水 $AlBr_3$ 为最佳；分子内的傅瑞德尔-克拉夫茨酰基化反应还可用多聚磷酸（PPA）作催化剂。酸酐是常用的酰化试剂，这是因为酰卤味难闻，而酸酐原料易得、纯度高，操作方便，无明显的副反应或有害气体放出，反应平稳且产率高，生成的芳酮容易提纯。

酰基化反应常用过量的液体芳烃、二硫化碳、硝基苯、二氯甲烷等作为反应的溶剂。

傅瑞德尔-克拉夫茨反应是一个放热反应，通常是将酰基化试剂配成溶液后慢慢滴加到盛有芳香族化合物溶液的反应瓶中，并需密切注意反应温度的变化。

本实验的反应式为：

$$\bigcirc\!\!\!\!\!\! + (CH_3CO)_2O \xrightarrow{AlCl_3} \bigcirc\!\!\!\!\!\!-COCH_3 + CH_3COOH$$

三、物理常数

实验所用各化合物的物理常数见表 3-13。

四、仪器和试剂

仪器：四口瓶，搅拌器，直形冷凝管，滴液漏斗，干燥管，气

表 3-13　各化合物的物理常数

名称	相对分子质量	性状	相对密度	熔点/℃	沸点/℃
乙酸酐	102.09	无色液体	1.08	−73.1	139
苯	78.11	无色液体	0.88	5.5	80
苯乙酮	120.15	无色液体	1.03	19.7	202

体吸收装置，分液漏斗，空气冷凝管，蒸馏头，尾接管，锥形瓶等。如图 3-6 所示。

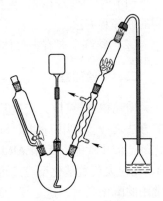

图 3-6　苯乙酮的制备
实验装置图

试剂：乙酸酐，苯，无水三氯化铝，浓盐酸，氢氧化钠，无水硫酸镁。

五、实验内容

（1）迅速称取 25g 经研细的无水三氯化铝和 30mL 干燥过的苯放入四口瓶中，启动搅拌。由滴液漏斗滴加重新蒸馏过的 6mL 乙酸酐和 10mL 无水苯的混合溶液（约 20min 滴完）。反应立即开始，伴随有反应混合液发热及氯化氢急剧产生。控制滴加速度，勿使反应过于剧烈。滴加完后，在水浴上回流 0.5h，至无氯化氢气体逸出为止。

（2）将四口瓶冷却，在搅拌下慢慢滴加 100mL 冷却的稀盐酸。当瓶内固体物质完全溶解后，分出苯层。用 15mL 苯分别萃取水层两次，合并苯层，依次用 5%的氢氧化钠溶液、水各 20mL 洗涤，然后用无水硫酸钠干燥。

（3）将干燥后的粗产物过滤，蒸去苯以后（温度升到 140℃左右，停止加热），将粗产物转移到 50mL 的蒸馏瓶中，继续在石棉网上蒸馏，用空气冷凝管冷却，收集 195~202℃的馏分。

（4）量取产物的体积，并计算产率。

六、实验注意事项

（1）无水三氯化铝的质量是本实验成败的关键，以原料白色粉末且打开瓶盖冒大量的烟为好。若原料大部分变黄，则表明已水解，不可用。

（2）本实验所用仪器和试剂均需充分干燥，否则影响反应顺利进行。装置中凡是和空气相通的部位应安装干燥管。

（3）乙酸酐要求临用前重新蒸馏，收集 137～140℃ 馏分。用酸酐作酰基化试剂，产率一般比酰氯好。

（4）苯以分析纯为佳，最好用钠丝干燥 24h 以上再用。

（5）吸收装置：约 200mL 浓度为 20% 氢氧化钠溶液，特别注意防止倒吸。

（6）加入稀 HCl 时，先慢后快。

七、实验数据记录和处理

将实验测得数据和处理结果填入表 3-14。

表 3-14　数据记录与处理

产品颜色	产品状态	产品体积	无水苯的体积	产率

八、思考题

（1）水和潮气对本实验有何影响？在仪器装置和操作中应注意哪些事项？

（2）反应完成后，为什么要加入冷却的稀盐酸？

（3）在烷基化和酰基化反应中，三氯化铝的用量有何不同，为什么？

实验18　2-硝基-1,3-苯二酚的制备

一、实验目的

（1）复习、巩固芳环定位规律和活性位置保护的应用。

（2）掌握磺化、硝化的原理和实验方法。

（3）在了解水蒸气蒸馏原理的基础上，掌握水蒸气蒸馏装置的安装与操作。

（4）练习、掌握减压过滤技术。

二、实验原理

本实验的反应方程式为：

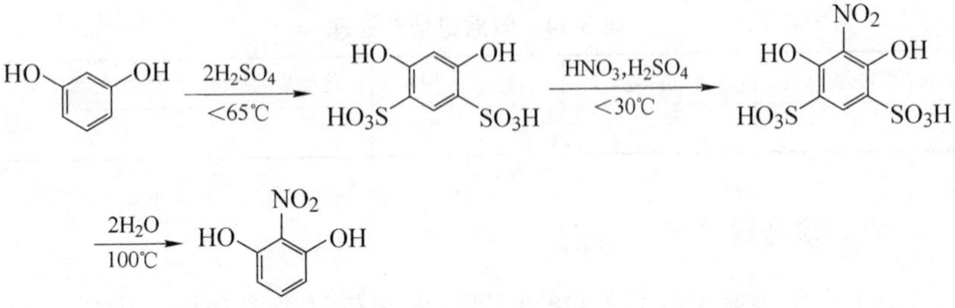

酚羟基是较强的邻对位定位基，也是较强的致活基团。如果让间苯二酚直接硝化，由于反应太剧烈，不易控制；另外，由于空间效应，硝基会优先进入4、6位，很难进入2位。本实验利用磺酸基的强吸电子性和磺化反应的可逆性，先磺化，在4、6位引入磺酸基，既降低了芳环的活性，又占据了活性位置。再硝化时，受定位规律的支配，硝基只有进行2位。最后进行水蒸气蒸馏，既把磺酸基水解掉，同时又把产物随水一起蒸出来。也就是说，本反应中磺酸基起到了占位、定位和钝化的作用。

水蒸气蒸馏是分离和纯化有机物的常用方法之一，尤其适用于反应产物是黏稠状或树脂状体系，用一般的蒸馏、萃取和结晶等方法不易纯化的情况。

根据道尔顿分压定律，当一个混合物中各组合的蒸气分压之和等于外界大气压时，混合物就开始沸腾。如果只有水和产物两个组分，则：$p_0 = p_a + p_b$。

而混合物中两种组分的蒸气分压之比又等于馏出液中两种物质的物质的量之比：

$$p_a / p_b = n_a / n_b = (m_a M_b) / (m_b M_a)$$

由此推导得出：

$$m_a / m_b = (M_a p_a) / (M_b p_b)$$

可见，两种物质在馏出液中的相对质量与它们的蒸气分压和摩尔质量成正比。即蒸气分压越高，被蒸出的量就越多。当蒸气分压小到一定程度，被蒸出的量就很少了。因此，要进行水蒸气蒸馏的物质，必须满足以下三个条件：

（1）被蒸馏的产物在100℃时，必须有足够的蒸气压，通常高于 1.33kPa。

（2）与水长时间共煮而不分解或发生化学反应。

（3）不溶或几乎不溶于水，便于最后的分离。

三、物理常数

实验所用各化合物的物理常数见表 3-15。

表 3-15　各化合物的物理常数

名　称	相对分子质量	性状	相对密度	熔点/℃	沸点/℃
间苯二酚	110.1	无色固体	1.27	110.7	276
浓硫酸	98.1	无色液体	1.84	10.3	338
2-硝基-1,3-苯二酚	155.1	红色固体	0.79	84.8	234
浓硝酸	63	无色液体	1.42	-42	83

四、仪器和试剂

仪器：圆底烧瓶，烧杯，水蒸气发生器，直形冷凝管，玻璃棒等。如图 3-7 所示。

试剂：间苯二酚，浓硫酸，浓硝酸，尿素，乙醇。

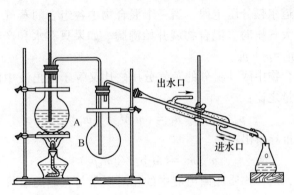

图 3-7 水蒸气蒸馏实验装置

五、实验内容

（1）将 2.8g 间苯二酚放入 100mL 烧杯中，在充分搅拌下加入 13mL 浓硫酸，然后充分搅拌下使反应物在 60~65℃反应 15min。

（2）将烧杯放入冷水浴中冷至室温，用滴管滴加 2.8mL 浓硫酸和 2mL 硝酸的混酸溶液，边滴加边搅拌，控制温度于（30±5）℃，在此温度下继续搅拌 15min。

（3）将反应物移入三口圆底烧瓶中，小心地加入 7mL 水稀释，控制温度在 50℃以下，加入 0.1g 尿素，然后进行水蒸气蒸馏，当无油状物蒸出时，停止蒸馏。

（4）馏出液经水浴冷却后，过滤得粗产品。用少量乙醇-水（约需 5mL 50%乙醇）混合溶剂重结晶得橘红色晶体。

（5）过滤洗涤干燥后称量，并计算产率。

六、实验注意事项

（1）本实验一定注意先磺化、后硝化，否则会剧烈反应，甚至发生事故。

（2）间苯二酚很硬，要充分研碎，否则磺化只能在颗粒表面进行，磺化不完全。

（3）硝化反应比较快，因此硝化前，磺化混合物要先在冰水浴中冷却，混酸也要冷却，最好在 10℃ 以下；硝化时，也要在冷却下边搅拌边慢慢滴加混酸，否则反应物易被氧化而变成灰色或黑色。

（4）稀释水不可过量，否则将导致长时间的水蒸气蒸馏而得不到产品。如发现上述情况，可将水蒸气装置改为蒸馏装置，先蒸去一部分水，当冷凝管出现红色油状物时，再改为水蒸气蒸馏。在水蒸气蒸馏时，冷凝水要控制得很少，否则产物凝结于冷凝管壁的上端，从而造成堵塞。

（5）加入尿素的目的是使多余的硝酸与其反应而生成 $CO(NH_2) \cdot HNO_3$，从而减少 NO_2 气体的污染。

（6）晶体用 10mL 50% 的乙醇水溶液洗涤，不要太多，否则会损失产品。

七、实验数据记录和处理

将实验测得数据和处理结果填入表 3-16。

表 3-16 数据记录与处理

产品颜色	产品状态	产品质量	间苯二酚质量	产率

八、思考题

（1）本试验能否采用直接硝化法一步合成，为什么？

（2）硝化反应为什么要控制在（30±5）℃ 进行，温度偏高或偏低有什么不好？

（3）进行水蒸气蒸馏前，为什么要先用冰水稀释？

实验 19　环己酮的制备

一、实验目的

（1）学习醇氧化制备酮的反应原理和实验方法。
（2）巩固蒸馏和干燥等基本操作。

二、实验原理

醛和酮可用相应的伯醇和仲醇氧化得到。在实验室中常用的氧化剂是重铬酸钠。酮虽比醛稳定，可以留在反应混合物中，但必须严格控制好反应条件，勿使氧化反应剧烈进行，否则产物将进一步遭受氧化而发生碳链断裂。

本实验的反应式为：

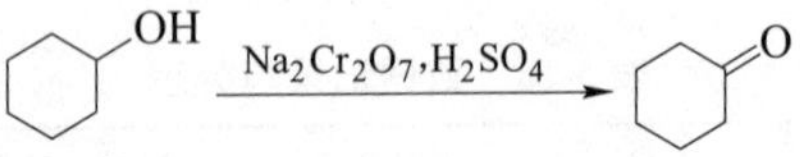

三、物理常数

实验所用各化合物的物理常数见表 3-17。

表 3-17　各化合物的物理常数

名称	相对分子质量	性状	相对密度	熔点/℃	沸点/℃
环己醇	100	无色液体	0.96	26	161
环己酮	98	无色液体	0.95	−31	156
浓硫酸	98	无色液体	1.84	10	338
乙醚	74	无色液体	2.60	−116	35
重铬酸钠	262	红色固体	2.35	357	400

四、仪器和试剂

仪器：圆底烧瓶，温度计，蒸馏头，直形冷凝管，分液漏斗等。

如图 3-8 所示。

试剂：重铬酸钠，环己醇，浓硫酸，乙醚，无水硫酸镁，氯化钠。

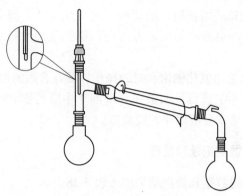

图 3-8 环己酮的制备实验装置图

五、实验内容

（1）在 100mL 烧杯中加入 30mL 水和 5g 重铬酸钠，搅拌使之全部溶解。然后在搅拌下慢慢加入 4.3mL 浓硫酸，将所得橙红色溶液冷却到 30℃ 以下备用。

（2）在 100mL 圆底烧瓶中加入 5mL 环己醇，然后一次加入配制好的铬酸溶液，并充分振摇使之混合均匀。用冰水浴冷却，控制反应温度在 55~60℃。当温度开始下降时，移去冷水浴，室温下放置 1h，其间要间歇振摇反应瓶。

（3）反应完毕后，在反应瓶中加入 30mL 水进行蒸馏。

（4）将馏出液用氯化钠饱和后转入分液漏斗中，分出有机相。水相用 8mL 乙醚提取一次，将乙醚提取液和有机相合并，用无水硫酸镁干燥。

（5）在旋转蒸发仪上蒸除乙醚。

（6）蒸馏，收集 150~156℃ 馏分。

六、实验注意事项

（1）反应完全后，反应液呈墨绿色。如果反应液不能完全变成墨绿色，则应加入少量草酸或甲醇，以还原过量的氧化剂。

（2）加水蒸馏时，水的馏出量不宜过多，否则即使使用盐析，仍不可避免有少量环己酮溶于水中而损失。

（3）配制铬酸溶液时，浓硫酸不可一次加入，要分批加入，而且要等烧杯中的溶液冷却后，方可进行第二次加浓硫酸操作，否则易发生危险。

（4）馏出液用氯化钠饱和时的操作，要在合适的锥形瓶内进行，不可在分液漏斗中进行。如果在分液漏斗中进行饱和操作，没有溶解的氯化钠会堵塞分液漏斗的旋塞口。

七、实验数据记录和处理

将实验测得数据和处理结果填入表 3-18。

表 3-18　数据记录与处理

产品颜色	产品状态	产品体积	环己醇体积	产率

八、思考题

（1）本实验为什么要严格控制反应温度在 55~60℃ 之间，温度过高或过低有何结果？

（2）蒸馏产物时，为何要使用空气冷凝管？

（3）能否用铬酸氧化把 2-丁醇和 2-甲基-2-丙醇区别开来？说明原因，并写出有关的反应式。

实验 20　乙酸乙酯的制备

一、实验目的

（1）了解由醇和羧酸制备羧酸酯的原理和方法。

（2）学习液体有机物的蒸馏、洗涤和干燥等基本操作。

二、实验原理

在少量酸催化下，羧酸和醇反应生成酯。这个反应称做酯化反应。该反应是通过加成-消去进行的，质子活化的羰基被亲核的醇进攻发生加成，在酸作用下脱水成酯。该反应为可逆反应，为了提高反应转化率，一般采取某种反应试剂过量（根据两种反应物的价格来定），有时还可以加入能与水形成共沸物的物质不断从反应体系中带出水。

乙酸乙酯的合成方法很多，例如，可由乙酸或其衍生物与乙醇反应制取，也可由乙酸钠与卤乙烷反应来合成等。其中最常用的方法是在酸催化下由乙酸和乙醇直接酯化法。常用浓硫酸、氯化氢、对甲苯磺酸或强酸性阳离子交换树脂等作催化剂。若用浓硫酸作催化剂，其用量是醇的 3% 即可。

浓硫酸催化下，乙酸和乙醇生成乙酸乙酯，其反应式为：

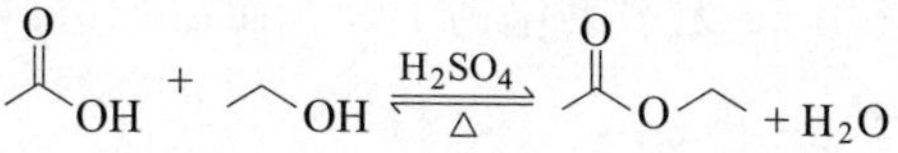

$$\underset{OH}{\overset{O}{\parallel}}C{-}OH + {\diagup}OH \xrightarrow[\triangle]{H_2SO_4} \underset{}{\overset{O}{\parallel}}C{-}O{\diagup} + H_2O$$

三、物理常数

实验所用各化合物的物理常数见表 3-19。

四、仪器和试剂

仪器：圆底烧瓶，温度计，蒸馏头，直形冷凝管，分液漏斗等。如图 3-9 所示。

试剂：乙酸，无水乙醇，浓硫酸，碳酸钠，氯化钠，氯化钙，硫酸镁。

表 3-19　各化合物的物理常数

名称	相对分子质量	性状	相对密度	熔点/℃	沸点/℃
乙酸	60.05	无色液体	1.05	16.6	118.1
乙醇	46.07	无色液体	0.78	−114.5	78.4
乙酸乙酯	88.10	无色液体	0.91	−83.6	77.3
浓硫酸	98.08	无色液体	1.84	10.4	338

五、实验内容

（1）在 100mL 圆底烧瓶中加入 14.3mL 的乙酸和 23mL 的无水乙醇，摇匀后慢慢加入 7.5mL 的浓硫酸，混匀后再加入 2 粒沸石，小火回流 0.5h。

（2）待反应液稍冷后，改为蒸馏装置，蒸馏出的馏分约占原溶液 1/2 时，停止加热。

（3）将馏分与 20mL 的饱和氯化钠溶液一起加入分液漏斗，分液取上层。

（4）将溶液与 8mL 饱和碳酸钠溶液一起加入分液漏斗，分液取上层。

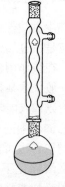

图 3-9　乙酸乙酯的制备实验装置图

（5）将溶液用 2g 无水氯化钙干燥，而后蒸馏，收集 70~80℃馏分。

（6）量取体积，并计算产率。

六、实验注意事项

（1）对反应物加热用小火。

（2）氯化钠与碳酸钠均为饱和溶液。

几点说明：

（1）浓硫酸的作用：催化剂；吸水剂。

（2）饱和碳酸钠溶液的作用：中和蒸发过去的乙酸；溶解蒸发过去的乙醇；减小乙酸乙酯的溶解度。

（3）提高产率采取的措施（该反应为可逆反应）：用浓硫酸吸

水促使平衡正向移动，加热将酯从反应体系蒸出。

七、实验数据记录和处理

将实验测得数据和处理结果填入表 3-20。

表 3-20　数据记录与处理

产品颜色	产品状态	产品体积	乙酸体积	产率

八、思考题

（1）酯化反应有什么特点，本实验如何创造条件使酯化反应尽量向生成物方向进行？

（2）本实验有哪些可能的副反应？

（3）如果采用乙酸过量是否可以，为什么？

实验 21   乙酸异戊酯的制备

一、实验目的

（1）熟悉酯化反应原理，掌握乙酸异戊酯的制备方法。

（2）掌握带分水器的回流装置的安装与操作。

（3）熟悉液体有机物的干燥，掌握分液漏斗的使用方法。

（4）学会利用萃取洗涤和蒸馏的方法纯化液体有机物的操作技术。

二、实验原理

乙酸异戊酯为无色透明液体，不溶于水，易溶于乙醇、乙醚等有机溶剂。它是一种香精，因具有香蕉气味，又称为香蕉油。实验室通常采用乙酸和异戊醇在浓硫酸的催化下发生酯化反应来制取乙酸异戊酯，其化学反应式为

$$\underset{\text{OH}}{\overset{\text{O}}{\parallel}}C + \underset{\text{OH}}{\bigwedge} \xrightarrow[\triangle]{H_2SO_4} \underset{O}{\overset{O}{\parallel}}C\underset{O}{\bigwedge} + H_2O$$

由于酯化反应是可逆的，本实验采取加入过量乙酸，并除去反应中生成的水，使反应不断向右进行，提高酯的产率。生成的乙酸异戊酯中混有过量的乙酸、未完全转化的异戊醇、起催化作用的硫酸及副产物醚类，可经过洗涤、干燥和蒸馏予以除去。

三、物理常数

实验所用各化合物的物理常数见表 3-21。

表 3-21   各化合物的物理常数

名称	相对分子质量	性状	相对密度	熔点/℃	沸点/℃
乙酸	60.05	无色液体	1.05	17	118
异戊醇	88.15	无色液体	0.81	−117	133
浓硫酸	98.04	无色液体	1.84	10	338
乙酸异戊酯	130.19	无色液体	0.87	−78	143

四、仪器和试剂

仪器：三口烧瓶，球形冷凝管，分水器，蒸馏烧瓶，直形冷凝管，尾接管，分液漏斗，量筒，温度计，锥形瓶，布氏漏斗，抽滤瓶，电热套。

试剂：异戊醇，乙酸，硫酸，碳酸钠，氯化钠，沸石，无水硫酸镁。

实验装置见图 3-4。

五、实验内容

1. 酯化

在干燥的三口烧瓶中加入 18mL 异戊醇和 15mL 乙酸，在振摇与冷却下加入 1.5mL 浓硫酸，混匀后放入 1~2 粒沸石。安装带分水器的回流装置，三口烧瓶中口安装分水器，分水器中事先充水至支管口处，然后放出 3.2mL 水。一侧口安装温度计（温度计应浸入液面以下），另一侧口用磨口塞塞住。

检查装置气密性后，用电热套（或甘油浴）缓缓加热，当温度升至约 108℃ 时，三口烧瓶中的液体开始沸腾。继续升温，控制回流速度，使蒸气浸润面不超过冷凝管下端的第一个球。当分水器充满水，反应温度达到 130℃ 时，反应基本完成，大约需要 1.5h。

2. 洗涤

停止加热，稍冷后拆除回流装置。将烧瓶中的反应液倒入分液漏斗中，用 15mL 冷水洗涤并转入分液漏斗。充分振摇后静置，待分界面清晰后，分去水层，再用 15mL 冷水重复操作一次，然后酯层先后用 20mL 10%碳酸钠溶液洗涤两次，最后再用 15mL 饱和食盐水洗涤一次。

3. 干燥，蒸馏

（1）将酯层由分液漏斗上口倒入干燥的锥形瓶中，加入 2g 无水硫酸镁，配上塞子，充分振摇后，放置 30min。

（2）安装一套普通蒸馏装置，将干燥好的粗酯小心滤入干燥的蒸馏烧瓶中，放入一两粒沸石，加热蒸馏，用干燥的锥形瓶收集138～142℃馏分。

量取体积并计算产率。

六、实验注意事项

（1）加浓硫酸时，要分批加入，并在冷却下充分振摇，以防止异戊醇被氧化。

（2）回流酯化时，要缓慢均匀加热，以防止碳化并确保完全反应。

（3）碱洗时，放出大量热并有二氧化碳产生，因此洗涤时要不断放气，防止分液漏斗内的液体冲出来。

（4）最后蒸馏时，仪器要干燥，不得将干燥剂倒入蒸馏瓶内。

七、实验数据记录和处理

将实验测得数据和处理结果填入表 3-22。

表 3-22　数据记录与处理

产品颜色	产品状态	产品体积	异戊醇体积	产率

八、思考题

（1）制备乙酸异戊酯时，使用的哪些仪器必须是干燥的，为什么？

（2）分水器内为什么事先要充入一定量的水？

（3）酯化反应制得的粗酯中含有哪些杂质，是如何除去的？洗涤时，能否先碱洗后再水洗？

实验 22　水杨酸甲酯的合成

一、实验目的

（1）熟悉酯化反应原理，掌握水杨酸甲酯的制备方法。
（2）掌握减压蒸馏与常压蒸馏的操作方法。

二、实验原理

　　酯的制备方法很多，比如可用羧酸盐与活泼卤代烷反应制备。此外，羧酸和重氮甲烷可反应制备羧酸甲酯，酯与醇可以发生酯交换反应生成另一种酯，酰氯或者酸酐和醇可反应生成酯，腈与醇在酸催化下也可反应得到酯。

　　有机羧酸在酸催化下反应也能生成酯，这种直接利用酸和醇进行的反应称为酯化反应。常用的催化剂有硫酸、氯化氢或苯磺酸等，但这个反应进行得很慢，并且是可逆反应。为提高产率，必须使反应尽量地向右方向进行，一个方法是用共沸法形成共沸物，或者加入合适的去水剂，将水从反应体系中去除；另一方法是在两种反应物中，让一种价格便宜的反应物过量。

　　水杨酸甲酯，由于最初是从冬青类植物中提取，又称为冬青油，有止痛和退热特征，可通过内服和皮肤吸收。水杨酸甲酯的制备，一般是将水杨酸在酸催化下和甲醇反应生成。因水杨酸的价格比甲醇高，因此在反应中可以加入过量甲醇以提高水杨酸的产率。在此反应中，甲醇既作为反应原料，又作为溶剂存在。目前该反应大多以浓硫酸作为催化剂，其反应式为：

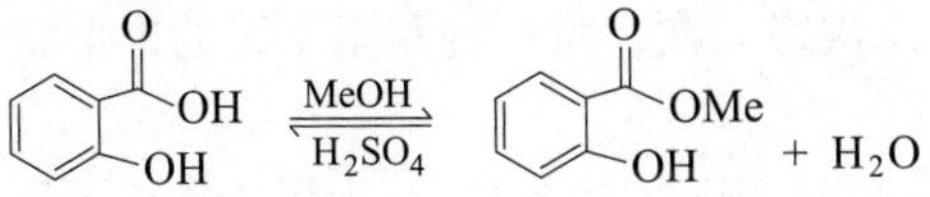

三、物理常数

实验所用各化合物的物理常数见表 3-23。

表 3-23　各化合物的物理常数

名称	相对分子质量	性状	相对密度	熔点/℃	沸点/℃
水杨酸	138	白色固体	1.14	158	211
甲醇	32	无色液体	0.79	−98	65
浓硫酸	98	无色液体	1.84	10	338
水杨酸甲酯	152	无色液体	1.18	−8	222

四、仪器和试剂

仪器：球形冷凝管，三口烧瓶，水银温度计，分液漏斗，量筒，烧杯，锥形瓶，恒温槽。如图 3-10 所示。

试剂：水杨酸，甲醇，浓硫酸，碳酸氢钠，无水氯化钙。

五、实验内容

（1）在 100mL 圆底烧瓶中加入 7g 水杨酸和 30mL 甲醇，轻轻振摇烧瓶，使水杨酸溶于甲醇中，再小心加入 8mL 浓硫酸，充分摇匀后加入 1~2 粒沸石，装上带有回流冷凝管的分水器，在石棉网上加热回流 1.5h。

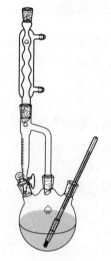

图 3-10　水杨酸甲酯的
制备实验装置图

（2）反应完毕，将烧瓶冷却，加入 50mL 蒸馏水然后转移至分液漏斗中，分出下层产物，从分液漏斗上口倒出上层水层以便回收。

（3）将有机层再倒入分液漏斗中，依次用 50mL 5% 碳酸氢钠洗涤一次，30mL 水洗涤一次，将产物移至干燥的锥形瓶中，加入 0.5g 无水氯化钙干燥。

（4）用 50mL 圆底烧瓶和克氏蒸馏头安装好减压蒸馏装置，接上减压系统，检查并记下体系的真空度。将水杨酸甲酯粗品装入蒸馏烧瓶中，用油泵减压蒸馏，收集 1.87kPa（14mmHg）100~110℃ 的馏分。

（5）量取体积并计算产率。

（6）用常压蒸馏回收上层水层中的甲醇，倒入回收瓶中。

六、实验注意事项

（1）反应所用仪器一定要干燥，否则将降低水杨酸甲酯的产率。

（2）反应温度不能过高，否则生成的酯容易分解，影响产率。

（3）因水杨酸和水杨酸甲酯的密度相近，很难分层，易呈悬浊液。若遇此现象，可加入 5mL 环己烷一起振摇后静置。

（4）分几次加入碳酸氢钠溶液，并轻轻振摇分液漏斗，使生成的二氧化碳气体及时逸出。最后塞上塞子，振摇几次，并注意随时打开下面的活塞放气，以免漏斗集聚的二氧化碳气体将上口活塞冲开，造成损失。

（5）在减压蒸馏时，全部仪器接头都应涂真空脂，如真空度不符合要求，应查明漏气原因并加以处理。

（6）本实验采用浓硫酸作催化剂和脱水剂，易腐蚀设备且有副反应，可使用离子交换树脂、固体超强酸、无机路易斯酸等绿色催化剂。

七、实验数据记录和处理

将实验测得数据和处理结果填入表 3-24。

表 3-24　数据记录与处理

产品颜色	产品状态	产品体积	水杨酸体积	产率

八、思考题

（1）酯化反应有哪些特点，本实验中如何提高产品产率？

（2）粗产品中含有哪些杂质，如何将它们除去？

（3）为什么用减压蒸馏法精制水杨酸甲酯，减压蒸馏的原理是什么？

（4）本实验减压蒸馏时，为什么用空气冷凝管？

实验 23　苯甲醇和苯甲酸的制备

一、实验目的

（1）学习由苯甲醛制备苯甲醇和苯甲酸的原理和方法。

（2）进一步掌握萃取、洗涤、蒸馏、干燥和重结晶等基本操作。

二、实验原理

苯甲醇是最简单的芳香醇之一，可看做是苯基取代的甲醇，在自然界中多以酯的形式存在于香精油中。苯甲醇中文别名苄醇，是极有用的定香剂，常用于配制香皂、日用化妆品等。但苄醇能缓慢地自然氧化，一部分生成苯甲醛和苄醚，使市售产品常带有杏仁香味，故不宜久贮。

苯甲酸为具有苯或甲醛的气味的鳞片状或针状的固体物质。在100℃时迅速升华，它的蒸气有很强的刺激性，吸入后易引起咳嗽。微溶于水，易溶于乙醇、乙醚等有机溶剂。苯甲酸是弱酸，比脂肪酸强。但它们的化学性质相似，都能形成盐、酯、酰卤、酰胺、酸酐等，且不易被氧化。

无 α-H 的醛在浓碱溶液作用下发生坎尼查罗反应，一分子醛被氧化成羧酸，另一分子醛则被还原成醇。该反应又称为歧化反应。本实验采用苯甲醛在浓氢氧化钠溶液中发生坎尼查罗反应，制备苯甲醇和苯甲酸，反应式为：

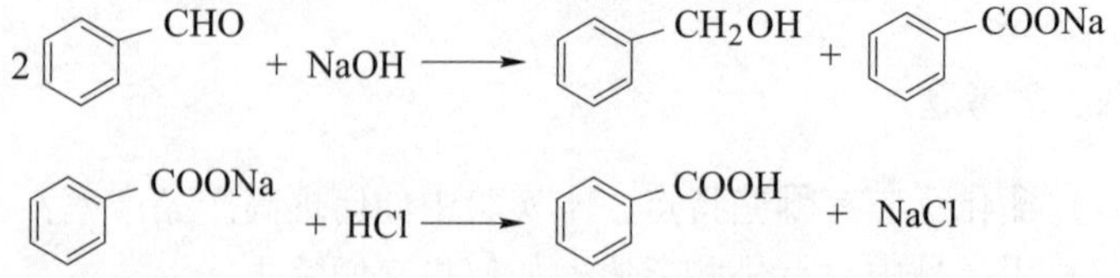

在碱的催化下，反应结束后产物为苯甲醇和苯甲酸钠盐。苯甲酸钠盐易溶于水而苯甲醇则易溶于有机溶剂，因此利用萃取的方法可以方便地分离二组分。有机层通过蒸馏可得到苯甲醇产品，水层则通过盐酸酸化即可得到苯甲酸产品。

三、物理常数

实验所用各化合物的物理常数见表 3-25。

表 3-25　各化合物的物理常数

名称	相对分子质量	性状	相对密度	熔点/℃	沸点/℃
苯甲醛	106	无色液体	1.04	−26	178
苯甲醇	108	无色液体	1.04	−15	205
苯甲酸	122	无色固体	1.27	122	249

四、仪器和试剂

仪器：圆底烧瓶，球形冷凝管，分液漏斗，直形冷凝管，蒸馏头，温度计套管，温度计，尾接管，锥形瓶，空心塞，量筒，烧杯，布氏漏斗，吸滤瓶，表面皿，红外灯，机械搅拌器。如图 3-11 所示。

试剂：苯甲醛，氢氧化钠，浓盐酸，乙醚，亚硫酸氢钠，碳酸钠，无水硫酸镁。

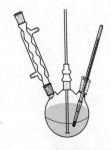

图 3-11　苯甲酸和苯甲醇的合成反应装置图

五、实验内容

（1）在 250mL 三口烧瓶上安装机械搅拌及回流冷凝管，另一口为温度计。

（2）加入 8g 氢氧化钠和 30mL 水，搅拌溶解。稍冷，加入 10mL 新蒸过的苯甲醛。

（3）开启搅拌器，调整转速，使搅拌平稳进行，加热回流约 40min。

（4）停止加热，从球形冷凝管上口缓缓加入冷水 20mL，摇动均匀。

（5）将反应物冷却至室温后，倒入分液漏斗，先后用 10mL 乙醚萃取三次，水层保留待用。

（6）合并三次乙醚萃取液，依次用 5mL 饱和亚硫酸氢钠、10mL 10%碳酸钠和 10mL 水洗涤。

（7）分出醚层，倒入干燥的锥形瓶，加无水硫酸镁干燥，注意锥形瓶上要加塞。

（8）过滤后，将滤液倒入三口瓶中。

（9）安装好低沸点液体的蒸馏装置，缓缓加热蒸出乙醚以回收利用。

（10）升高温度继续蒸馏，当温度升到 140℃时改用空气冷凝管，收集 198~204℃的馏分，即为苯甲醇，量取其体积并计算产率。

（11）将第 5 步保留的水层慢慢地加入盛有 30mL 浓盐酸和 30mL 水的混合物中，同时用玻璃棒搅拌，析出白色固体。

（12）冷却，抽滤，得到粗苯甲酸。

（13）粗苯甲酸用水作溶剂重结晶，需加活性炭脱色。

（14）产品在红外灯下干燥后称重，并计算产率。

六、实验注意事项

（1）本实验需要用乙醚，而乙醚极易着火，使用时周围必须杜绝任何种类的明火。蒸乙醚时，可在尾接管支管上连接一长橡皮管，通入水槽的下水管内或引出室外，接收器用冷水浴冷却。

（2）重结晶提纯苯甲酸可用水作溶剂，苯甲酸在水中的溶解度为：80℃时，每 100mL 水中可溶解苯甲酸 2.2g。

七、实验数据记录和处理

将实验测得数据和处理结果填入表 3-26。

表 3-26　数据记录与处理

两产品各自颜色	两产品各自状态	两产品各自质量	苯甲醛的质量	产率

八、思考题

（1）试比较歧化反应与羟醛缩合反应在醛的结构上有何不同。

（2）本实验中两种产物是根据什么原理分离提纯的？用饱和亚硫酸氢钠及 10%碳酸钠溶液洗涤的目的是什么？

（3）乙醚萃取后剩余的水溶液，用浓盐酸酸化到中性是否最恰当，为什么？

（4）为什么要用新蒸过的苯甲醛，长期放置的苯甲醛含有什么杂质？如不除去，对本实验有何影响？

实验 24 肉桂酸的制备

一、实验目的

（1）学习肉桂酸的制备原理和方法。

（2）学习水蒸气蒸馏的原理及其应用，掌握水蒸气蒸馏的操作方法。

二、实验原理

芳香醛和酸酐在碱性催化剂存在下，可发生类似羟醛缩合的反应，生成 α，β-不饱和酸，称为普尔金反应。催化剂通常是用相应酸酐的羧酸钾或钠，有时也用 K_2CO_3 或叔胺代替。典型的例子是肉桂酸的制备，其反应式为：

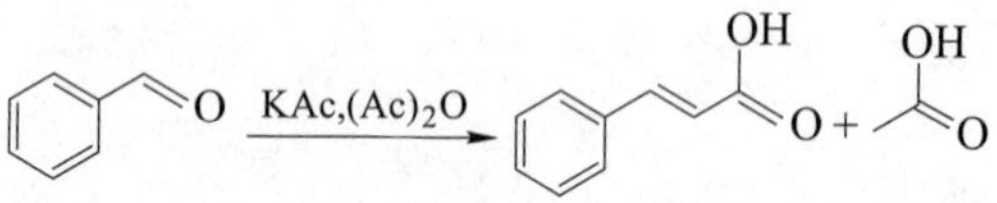

碱的作用是夺取酸酐的 α 氢原子，使 α 碳原子成为碳负离子；接着碳负离子与芳醛上的羰基碳原子发生亲核加成，再经 β-消去反应，产生肉桂酸盐。反应完成后，从母液体系中分离出产物的操作方法和技巧，是本实验的一个重点。苯甲醛具强刺激气味，取用和处置需特别注意密闭。肉桂酸是一种香料，具有很好的保香作用，通常作为配香原料，可使主香料的香气更加清香挥发。肉桂酸的各种酯（如甲、乙、丙、丁等）都可用做定香剂，用于饮料、冷饮、糖果、酒类等食品。

三、物理常数

实验所用各化合物的物理常数见表 3-27。

四、仪器和试剂

仪器：三口烧瓶，空气冷凝管，圆底烧瓶，75°弯管，直形冷凝

表 3-27　各化合物的物理常数

名称	相对分子质量	性状	相对密度	熔点/℃	沸点/℃
苯甲醛	106	无色液体	1.04	-26	178
乙酸酐	102	无色液体	1.08	-73	139
肉桂酸	148	无色固体	1.25	134	300
乙酸钾	98	无色固体	1.57	292	

管，尾接管，锥形瓶，量筒，烧杯，布氏漏斗，吸滤瓶，表面皿，红外灯。如图 3-12 所示。

试剂：苯甲醛，乙酸酐，无水乙酸钾，碳酸钠，浓盐酸，活性炭。

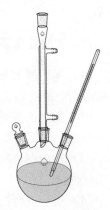

图 3-12　肉桂酸制备
实验装置

五、实验内容

（1）在 250mL 三口烧瓶中依次加入无水乙酸钾 6g、苯甲醛 6mL 和乙酸酐 11mL，并加入沸石 2 粒。

（2）三口烧瓶一口堵塞，一口插入温度计（使温度计水银球进入液面以下），一口装空气冷凝管。

（3）用电热套加热，控制温度在 150~170℃回流 1h。要注意控制加热速度，防止物料从空气冷凝管顶端逸出。必要时可再接一个冷凝管。

（4）将反应液冷却至 100℃ 左右，加入 40mL 热水。此时有固体析出。

（5）向三口烧瓶内加入饱和碳酸钠溶液，并摇动三口烧瓶，用 pH 试纸检验，直到 pH＝8 左右。所需饱和碳酸钠溶液约 30~40mL。

（6）搭好水蒸气蒸馏装置，蒸出未反应的苯甲醛。蒸到馏出液澄清无油珠时，停止蒸馏（可用盛水的烧杯去尾接管下，接几滴馏出液，检验有无油珠），约需 20min。

（7）将剩余液转入 400mL 烧杯中，补加少量水至液体总量为 200~250mL，再加 1~2 匙活性炭。

（8）煮沸脱色 5min。

（9）趁热减压过滤，滤液转入干净的烧杯，冷却至室温。

（10）在搅拌条件下慢慢加入浓盐酸，到 pH 试纸变红，需要 20~40mL。

（11）冷却到室温后，减压过滤，滤饼用 5~10mL 冷水洗涤，抽干。

（12）滤饼转入表面皿，红外灯下干燥。产品称重，并计算产率。

六、实验注意事项

（1）苯甲醛放久了，由于自动氧化生成较多量的苯甲酸，影响反应进行，故应用新蒸苯甲醛。

（2）无水乙酸钾需新鲜熔融。将含水乙酸钾放入蒸发皿内，加热至熔融，立即倒在金属板上；冷后研碎，置于干燥器中备用。

（3）反应混合物在加热过程中，由于 CO_2 的逸出，最初反应时会出现泡沫。

（4）反应混合物在 150~170℃ 下长时间加热，发生部分脱羧而产生不饱和烃类副产物，并进而生成树脂状物。若反应温度过高（200℃），这种现象更明显。

（5）肉桂酸有顺反异构体，通常以反式存在，为无色晶体，熔点 133℃。

（6）如果产品不纯，可在水或水与乙醇混合液（体积比 3 : 1）中进行重结晶。

七、实验数据记录和处理

将实验测得数据和处理结果填入表 3-28。

表 3-28　数据记录与处理

产品颜色	产品状态	产品质量	苯甲醛的体积	产率

八、思考题

（1）具有何种结构的醛能进行普尔金反应？

（2）本实验在水蒸气蒸馏前，为什么用饱和碳酸钠溶液中和反应物？

（3）为什么不能用氢氧化钠代替碳酸钠溶液来中和反应物？

（4）水蒸气蒸馏通常在哪三种情况下使用？被提纯物质必须具备哪些条件？

（5）肉桂酸能溶于热水，难溶于冷水，试问如何提纯？制定操作步骤，并说明每一步的作用。

（6）苯甲醛和丙酸酐在无水的丙酸钾存在下相互作用得到什么产物？写出反应式。

（7）反应中，如果使用与酸酐不同的羧酸盐，会得到两种不同的芳香丙烯酸，为什么？

实验 25   乙酰乙酸乙酯的制备

一、实验目的

（1）学习乙酰乙酸乙酯的制备原理和方法。

（2）掌握无水操作及减压蒸馏等操作。

二、实验原理

乙酰乙酸乙酯是一种重要的有机合成原料，在医药上用于合成氨基吡啉、维生素 B 等，也用于偶氮黄色染料的制备，还用于调和苹果香精及其他果香香精；在农药生产上，用于合成有机磷杀虫剂蝇毒磷的中间体 α-氯代乙酰乙酸乙酯、嘧啶氧磷的中间体 2-甲氧基-4-甲基-6-羟基嘧啶、二嗪磷的中间体 2-异丙基-4-甲基-6-羟基嘧啶以及氨基甲酸酯杀虫剂抗蚜威。此外，乙酰乙酸乙酯还广泛用于塑料、染料、香料、清漆及添加剂等行业。

利用克莱森（Claisen）缩合反应，可将两分子具有 α-氢的酯在醇钠的催化作用下制备 β-酮酸酯，其化学反应式为：

$$CH_3COOC_2H_3 \underset{\text{乙醇钠}}{\rightleftharpoons} CH_3COCH_2COOC_2H_5 + C_2H_5OH$$

（1）通常以酯和金属钠为原料，且酯过量（同时作为溶剂），钠为计量依据物。

（2）利用酯中含有的微量醇与钠反应来生成醇钠，随着反应的进行，醇不断生成，钠不断溶解，醇钠不断产生，反应能不断进行，直至钠消耗完毕。作为原料的酯中含醇量过高又会影响产率，一般要求酯中的含醇量在 3% 以下。

（3）反应体系中如有水存在，对反应不利。钠的损失降低了产率，也抑制了反应的进行，故要求反应体系无水。

（4）反应中使用钠珠或钠丝可使其与酯的接触面增大，故先用邻二甲苯作溶剂制成细小的钠珠，以利于反应的进行。

乙酰乙酸乙酯在常压蒸馏下很易分解，产生"去水乙酸"，故应采用减压蒸馏法。

三、物理常数

实验所用各化合物的物理常数见表 3-29。

表 3-29 各化合物的物理常数

名称	相对分子质量	性状	相对密度	熔点/℃	沸点/℃
乙酸乙酯	88.1	无色液体	0.90	-84	77
邻二甲苯	106.2	无色液体	0.88	-26	144
钠	23.0	银白色固体	0.97	98	883
乙酰乙酸乙酯	130.1	无色或微黄色液体	1.02	-45	180
氯化钙	111.0	白色固体	2.15	782	1600

四、仪器和试剂

仪器：圆底烧瓶，球形冷凝管，干燥管，蒸馏头，分液漏斗，尾接管，温度计，油泵，量筒，电热套，毛细管，直形冷凝管，安全瓶，压力计。如图 3-13 所示。

试剂：金属钠，乙酸乙酯，邻二甲苯，乙酸，氯化钠，无水硫酸钠，氯化钙。

五、实验内容

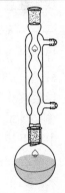

图 3-13 乙酰乙酸乙酯的
制备反应装置图

（1）制钠珠。将 0.9g 金属钠和 5mL 干燥的邻二甲苯放入装有回流冷凝管的 50mL 圆底烧瓶中。加热使钠熔融。拆去冷凝管，用磨口玻塞塞紧圆底烧瓶，趁热用力振摇（两下）得细粒状钠珠。

（2）回流、酸化。当钠珠沉于瓶底后，将邻二甲苯倒入指定回收瓶中。迅速向瓶中加入 10mL 乙酸乙酯，装上冷凝管，并在其顶端装氯化钙干燥管。反应开始时有氢气泡逸出，如反应很慢，可稍加温。待剧烈的反应过后，则小火加热，保持微沸状态，直至所有金属钠全部作用完为止。此时生成的乙酰乙酸乙酯钠盐为橘红色透明溶液。待反应物稍冷后，在摇荡下加入 50% 的乙酸溶液，直到反应液呈弱酸性（pH = 5~6）为止。此时，所有的固体物质均已溶解。

（3）分液、干燥。将溶液转移到分液漏斗中，加入等体积的饱和氯化钠溶液，用力摇振片刻。静置后，乙酰乙酸乙酯分层析出。分出上层粗产物，用无水硫酸钠干燥后滤入蒸馏瓶，并用少量乙酸乙酯洗涤干燥剂，一并转入蒸馏瓶中。

（4）蒸馏和减压蒸馏。先水浴蒸去未作用的乙酸乙酯，然后将剩余液移入 50mL 圆底烧瓶中，用减压蒸馏装置进行减压蒸馏。减压蒸馏时必须缓慢加热，待残留的低沸点物质蒸出后，再升高温度，收集乙酰乙酸乙酯。

（5）计算产率。量取体积，并计算产率。

六、实验注意事项

（1）实验仪器需干燥。因为金属钠易与水反应生成氢气及大量的热，易导致燃烧和爆炸；钠与水反应生成的 NaOH，易使乙酸乙酯水解成乙酸钠，造成原料耗损；水使金属钠消耗难以形成碳负离子中间体，导致实验失败。

（2）制备实验中，加入 50%乙酸和饱和食盐水。因为乙酰乙酸乙酯分子中亚甲基上的氢比乙醇的酸性强得多（pK_a = 10.65），反应后生成的乙酰乙酸乙酯的钠盐，必须用乙酸酸化才能使乙酰乙酸乙酯游离出来。用饱和食盐水洗涤的目的是降低酯在水中的溶解度，以减少产物的损失，增加乙酰乙酸乙酯的收率。

七、实验数据记录和处理

将实验测得数据和处理结果填入表 3-30。

表 3-30　数据记录与处理

产品颜色	产品状态	产品质量	乙酸乙酯的体积	产率

八、思考题

（1）该实验为何采用减压蒸馏？

（2）取 2~3 滴产品溶于 2mL 水中，加 1 滴 1%三氯化铁溶液，会发生什么现象，如何解释？

实验 26　二苯甲醇的合成

一、实验目的

（1）掌握酮还原制备醇的方法和机理。

（2）熟悉回流、重结晶等的基本操作。

二、实验原理

二苯甲醇可通过多种还原剂来制备二苯甲醇。在碱性醇溶液中用锌粉还原，是制备二苯甲醇常用的方法，适用于中等规模的实验室制备；对于小量合成，硼氢化钠是更理想的选择性地将醛酮还原为醇的负氢试剂，使用方便，反应可在含水和醇溶液中进行。1mol硼氢化钠理论上能还原 4mol 醛酮。

其化学方程式为：

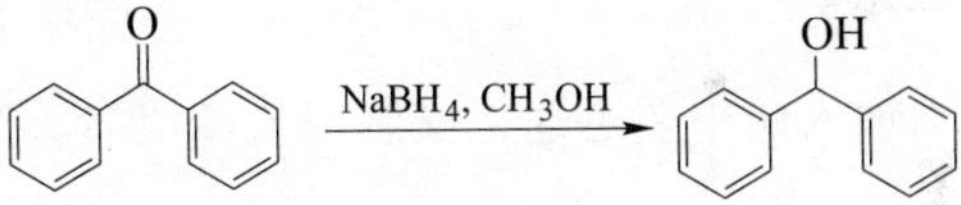

三、物理常数

实验所用各化合物的物理常数见表 3-31。

表 3-31　各化合物的物理常数

名称	相对分子质量	性状	相对密度	熔点/℃	沸点/℃
二苯酮	182.22	白色固体	1.09	48	306
二苯甲醇	184.23	白色固体	1.10	67	298
硼氢化钠	37.83	白色固体	1.04	300	500
甲醇	32.04	无色液体	0.79	−97	65

四、仪器和试剂

仪器：圆底烧瓶，球形冷凝管，抽滤装置等。如图 3-14 所示。

试剂：二苯酮，甲醇，硼氢化钠，石油醚。

五、实验内容

（1）在装有回流冷凝管的 100mL 的圆底烧瓶中，加入 3.66g 二苯酮和 16mL 甲醇，搅拌使其溶解。

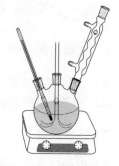

（2）迅速称取 0.46g 硼氢化钠加入上述溶液中，搅拌使其溶解。反应物自然升温至沸，然后室温下放置 20min。

（3）加入 6mL 水，在水浴上加热至沸，保持 5min。

图 3-14　二苯甲醇的合成回流反应装置图

（4）冷却后析出结晶。抽滤，粗品干燥后用石油醚（沸程 60~90℃，每克粗品约需 3mL 石油醚）重结晶。

（5）干燥后称重，并计算产率。

六、实验注意事项

（1）$NaBH_4$加入瓶中要迅速，安装回流冷凝管，防止反应剧烈而冲出瓶。

（2）重结晶时要水浴，防止着火。

（3）称量 $NaBH_4$ 要迅速，防止潮解。

（4）反应后加入水，并加热至沸腾后再冷却。其目的是使 $(RO)_4B^-Na^+$ 及过量的 $NaBH_4$ 水解，溶于水相与产物分离。此外，提高温度使 $(R_2CHO)_4B^-Na^+$ 快速分解。

七、实验数据记录和处理

将实验测得数据和处理结果填入表 3-32。

表 3-32　数据记录与处理

产品颜色	产品状态	产品质量	二苯酮的体积	产率

八、思考题

（1）由羰基化合物制备醇的方法有哪些？

（2）$LiAlH_4$ 和 $NaBH_4$ 的还原性有何区别？

（3）二苯酮与硼氢化钠反应后，加入水并加热至沸的目的是什么？

实验 27 肥皂的制备

一、实验目的

（1）掌握肥皂的制备原理和方法。
（2）掌握油脂的皂化反应。
（3）熟练操作抽滤等操作。

二、实验原理

油脂和氢氧化钠共煮，水解为高级脂肪酸钠和甘油，前者经加工成型后就是肥皂。化学反应式为：

$$C_{17}H_{35}COOH_2C-\underset{CH_2OOCC_{35}C_{17}}{\overset{H}{\underset{|}{\overset{|}{C}}}}OOCC_{35}C_{17} \xrightarrow{NaOH} C_{17}H_{35}COONa + HOH_2C-\overset{H}{\underset{|}{\overset{|}{C}}}-OH\ \ CH_2OH$$

实验所用原料及其作用为：

（1）天然动植物油脂。主要是提供所需的长链混合物脂肪酸。不同的油脂所含的脂肪酸有所不同，制肥皂一般要求脂肪酸的碳链长度为 $C_{12\sim16}$，合适的油脂主要有椰子油（C_{12} 为主）、棕榈油（$C_{16\sim18}$）和猪牛油（$C_{16\sim18}$）等。脂肪酸的饱和度会对肥皂的品质产生影响，不饱和度高时，肥皂的质软而难成块状，所以通常将部分油脂先行催化加氢，使之成为饱和度高的硬化油（或称氢化油），然后与其他油脂搭配使用。此外，饱和度低时，肥皂的抗硬水性能也较差。

（2）碱。主要是使用碱金属氢氧化物，这样制得的肥皂才有良好的水溶性。使用碱土金属氧化物的肥皂称为金属皂，难溶于水，一般用做油漆的催干剂和乳化剂等，不作洗涤用。

（3）其他。为了改善肥皂产品的外观和适应特殊用途，可加入色素、香料、抗菌剂、消毒物以及乙醇、白糖等，制成香皂、药皂、透明皂等产品。

三、物理常数

实验所用各化合物的物理常数见表 3-33。

表 3-33 各化合物的物理常数

名称	相对分子质量	性状	相对密度	熔点/℃	沸点/℃
氢氧化钠	39.99	白色固体	2.13	318	1390
甘油	92.09	无色液体	1.26	19	291
氯化钠	58.4	无色固体	2.16	801	1465

四、仪器和试剂

仪器：烧杯，玻棒，抽滤装置等。

试剂：猪油（或其他动植物脂或油），氢氧化钠，乙醇，氯化钠。

五、实验内容

（1）制备体积比为 1:1 乙醇水溶液 40mL。

（2）在 400mL 烧杯中，将 10g 氢氧化钠溶于 18mL 水和 18mL 95% 乙醇的混合液中，而后将 10mL 猪油（或别的植物油）加入上述溶液中，并不断搅拌。

（3）将此混合物放置蒸气浴上加热至少 30min，在此过程中，每当需要阻止起泡时，就应逐次少量地加入体积比 1:1 乙醇水溶液，并不断搅拌。

（4）在 400mL 烧杯中将 50g 氯化钠溶解在 150mL 水中，形成均匀溶液备用（若不能完全溶解，可将其加热溶解。在进行下一步操作前，应将其冷却）。

（5）快速将皂化混合物倒入冷的氯化钠溶液中，将混合物彻底搅拌几分钟，然后在冰浴中将其冷至室温。

（6）用布氏漏斗将沉淀出来的肥皂进行抽滤，用冰冷的水先后洗涤 2 次。

（7）干燥后称重，并计算产率。

六、实验注意事项

（1）油脂不易溶于碱水，加入乙醇目的是增加油脂在碱液中的溶解度，加快皂化反应速度。

（2）加热时若不采用水浴，则须用小火。

（3）皂化反应时，要保持混合液的原有体积，不能让烧杯里的混合液煮干或溅溢到烧杯外面。

七、实验数据记录和处理

将实验测得数据和处理结果填入表 3-34。

表 3-34　数据记录与处理

产品颜色	产品状态	产品质量	猪油的体积	产率

八、思考题

（1）为何加入盐溶液能使肥皂沉淀析出？

（2）为什么在皂化中需要加入乙醇水溶液，而不是单纯的水？

（3）肥皂与洗涤剂在性质上有什么相同点及不同点？

实验 28　甲基橙的制备

一、实验目的

（1）熟悉重氮化反应和偶合反应的原理。

（2）掌握甲基橙的制备方法。

二、实验原理

重氮化是指一级胺与亚硝酸在低温下作用生成重氮盐的反应。芳香族伯胺和亚硝酸作用生成重氮盐的反应中，芳伯胺常称重氮组分，亚硝酸为重氮化剂。由于亚硝酸不稳定，通常使用亚硝酸钠和盐酸（或硫酸），使反应生成的亚硝酸立即与芳伯胺反应生成重氮盐，避免亚硝酸的分解。

芳香族伯胺在酸性介质中和亚硝酸钠作用生成重氮盐，重氮盐与芳香叔胺偶联，生成偶氮染料。在本实验中，将对氨基苯磺酸与氢氧化钠作用生成易溶于水的盐，再与 HNO_2 重氮化，接着与 N,N-二甲基苯胺偶联，得到粗产品甲基橙。甲基橙制备的相关化学反应式为：

$$H_2N\!-\!\!\langle\ \rangle\!-\!SO_3H + NaOH \longrightarrow H_2N\!-\!\!\langle\ \rangle\!-\!SO_3Na$$

$$H_2N\!-\!\!\langle\ \rangle\!-\!SO_3Na \xrightarrow[\text{HCl}]{\text{NaNO}_2} \left[HO_3S\!-\!\!\langle\ \rangle\!-\!\overset{+}{N_2}\right]Cl^-$$

$$\xrightarrow[\text{HAc}]{\text{C}_6\text{H}_5\text{N}(\text{CH}_3)_2} \left[HO_3S\!-\!\!\langle\ \rangle\!-\!\overset{+}{\underset{H}{N}}\!=\!\!\langle\ \rangle\!-\!N(CH_3)_2\right]Ac^-$$

$$\xrightarrow{\text{NaOH}} NaO_3S\!-\!\!\langle\ \rangle\!-\!N\!=\!N\!-\!\!\langle\ \rangle\!-\!N\overset{\displaystyle CH_3}{\underset{\displaystyle CH_3}{}}$$

三、物理常数

实验所用各化合物的物理常数见表 3-35。

表 3-35   各化合物的物理常数

名称	相对分子质量	性状	相对密度	熔点/℃	沸点/℃
氢氧化钠	40.0	白色固体	2.13	318	1390
乙酸	60.0	无色液体	1.05	17	118
亚硝酸钠	69.0	白色固体	2.20	270	
对氨基苯磺酸	173.2	白色固体	1.48	280	
二甲基苯胺	121.2	无色液体	0.96	2.5	193
甲基橙	327.3	黄色固体	1.28	300	

四、仪器和试剂

仪器：烧杯，抽滤瓶，布氏漏斗，刻度吸管，温度计，玻璃棒，试管，pH 试纸，量筒，电炉。如图 3-15 所示。

试剂：氢氧化钠，对氨基苯磺酸，亚硝酸钠，浓盐酸，二甲基苯胺，乙酸。

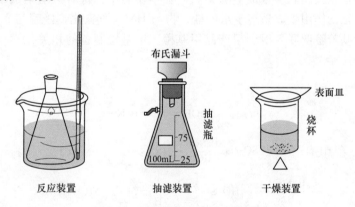

图 3-15   甲基橙制备的反应装置图

五、实验内容

（1）重氮盐的制备。在 100mL 烧杯中，加入 2g 对氨基苯磺酸和 10mL 5%氢氧化钠溶液，温热使之溶解。冷至室温后，加入 0.8g

亚硝酸钠，溶解后得均一溶液。在搅拌下将该溶液分批滴入装有13mL 冰冷的水和 2.5mL 浓盐酸的烧杯中，使温度保持在 5℃ 以下，很快就有对氨基苯磺酸重氮盐的细粒状白色沉淀。用淀粉-碘化钾试纸检验亚硝酸是否过量。若过量，则加入少量尿素除去过多的亚硝酸。而后继续在冰浴中放置 15min。

（2）偶合。在一支试管中加入 1.3mL N,N-二甲基苯胺和 1mL乙酸，振荡使之混合均匀。在搅拌下将此溶液慢慢加到上述冷却的对氨基苯磺酸重氮盐溶液中，加完后，继续搅拌 10min，此时有红色的酸性物沉淀；然后在冷却下继续搅拌，慢慢加入 15mL 10%氢氧化钠溶液。反应物变为橙色，粗的甲基橙细粒状沉淀析出。

（3）重结晶。将反应物加热至沸腾，使粗的甲基橙溶解后，稍冷后，置于冰浴中冷却，待甲基橙全部重新结晶析出后，抽滤。

（4）洗涤。用饱和氯化钠水溶液冲洗烧杯两次，每次用 10mL，并用这些冲洗液洗涤产品。

（5）提纯。若要得到较纯的产品，可将滤饼连同滤纸移到装有75mL 热水的烧瓶中，微微加热并且不断搅拌。滤饼几乎全溶后，取出滤纸让溶液冷却至室温；然后在冰浴中再冷却，待甲基橙结晶全析出后，抽滤。依次用少量乙醇、乙醚洗涤产品。

（6）计算产率。产品干燥后，称重并计算产率。

六、实验注意事项

（1）对氨基苯磺酸是一种有机两性化合物，其酸性比碱性强，能形成酸性的内盐，它能与碱作用生成盐，难与酸作用成盐，所以不溶于酸。但是重氮化反应又要在酸性溶液中完成，因此，进行重氮化反应时，首先将对氨基苯磺酸与碱作用，变成水溶性较大的对氨基苯磺酸钠。

（2）在重氮化反应中，溶液酸化时，亚硝酸钠生成亚硝酸；同时，对氨基苯磺酸钠亦变为对氨基苯磺酸，从溶液中以细粒状沉淀析出，并立即与亚硝酸作用，发生重氮化反应，生成粉末状的重氮盐。为了使对氨基苯磺酸完全重氮化，反应过程中必须不断搅拌。

（3）重氮化反应过程中，温度控制很重要。反应温度若高于

5℃，则生成的重氮盐易水解成酚类，降低了产率。

（4）用淀粉-碘化钾试纸检验，若试纸显蓝色，表明亚硝酸过量。析出的碘遇淀粉就显蓝色。亚硝酸能起氧化和亚硝基化作用，亚硝酸的用量过多，会引起一系列副反应。

（5）粗产品呈碱性，温度稍高时易使产物变质，颜色变深；潮湿的甲基橙受日光照射亦会使颜色变深，通常可在65~75℃烘干。

（6）用乙醇、乙醚洗涤的目的是使产品迅速干燥。

七、实验数据记录和处理

将实验测得数据和处理结果填入表3-36。

表3-36　数据记录与处理

产品颜色	产品状态	产品质量	二甲基苯胺体积	产率

八、思考题

（1）什么叫偶联反应？试结合本实验讨论一下偶联反应的条件。

（2）在本实验中制备重氮盐时，为什么要把对氨基苯磺酸变成钠盐？如改成下列操作步骤：先将对氨基苯磺酸与盐酸混合，再滴加亚硝酸钠溶液进行重氮化反应，可行吗，为什么？

（3）试解释甲基橙在酸碱介质中的变色原因，并用反应式表示。

4 开 放 实 验

实验 29　茶叶中提取咖啡因

一、实验目的

（1）学习从茶叶中提取咖啡因的基本原理和方法，了解咖啡因的一般性质。

（2）掌握用索氏提取器提取有机物的原理和方法。

（3）进一步熟悉萃取、蒸馏和升华等基本操作。

二、实验原理

咖啡因，又名咖啡碱、茶素（caffeine；theine；guaranine），最初系从咖啡豆中提取得到，其后在茶叶、冬青茶中亦有发现。咖啡因具有刺激心脏、兴奋大脑神经和利尿等作用，因此可用做中枢神经兴奋药，并且也是复方阿司匹林（APC）等药物的组分之一。

咖啡因的结构

咖啡因是嘌呤的衍生物，化学名称是 1,3,7-三甲基-2,6-二氧嘌呤，其结构式与茶碱、可可碱类似。

咖啡因易溶于氯仿（12.5%）、水（2%）及乙醇（2%）等。含结晶水的咖啡因是无色针状晶体，在100℃时即失去结晶水，并开始升华；在120℃升华显著，178℃升华很快。

茶叶中含有 1%~5%咖啡因，另外还含 11%~12%单宁酸（鞣酸)、0.6%的色素、纤维素和蛋白质等。为了提取茶叶中的咖啡因，可用适当的溶剂（如乙醇等）在索氏提取器中连续萃取，然后蒸去溶剂，即得粗咖啡因。粗咖啡因中还含有其他一些生物碱和杂质（如单宁酸）等，可利用升华法进一步提纯。

当物质的溶解度不大时，进行萃取会耗费大量的溶剂。为解决这一问题，可利用索氏提取器。索氏提取器又叫脂肪提取器，是利用溶剂回流和虹吸原理，使固体物质连续不断地为纯溶剂所萃取的仪器。溶剂沸腾时，其蒸气通过侧管上升，被冷凝管冷凝成液体，滴入套筒中，浸润固体物质，使之溶于溶剂中。当套筒内溶剂液面超过虹吸管的最高处时，即发生虹吸，流入烧瓶中。通过反复的回流和虹吸，从而将固体物质富集在烧瓶中。索氏提取器的作用实际上就是进行多次萃取，从而达到了减少溶剂用量的目的。

三、物理常数

实验所用各化合物的物理常数见表 4-1。

表 4-1 各化合物的物理常数

名称	相对分子质量	性状	相对密度	熔点/℃	沸点/℃
咖啡因	194.19	白色固体	1.2	237	178（升华）
乙醇	46.07	无色液体	0.78	−114.5	78.4

四、仪器和试剂

仪器：索氏提取器，蒸馏弯头，直形冷凝管，尾接管，布氏漏斗，抽滤瓶，烧杯，锥形瓶。如图 4-1 所示。

试剂：茶叶，乙醇，氧化钙。

五、实验内容

（1）称取 5g 干茶叶，装入滤纸筒内，轻轻压实，滤纸筒上口塞一团脱脂棉，置于抽提筒中，圆底烧瓶内加入 60~80mL 95%乙醇，然后安装索氏提取装置。

（2）加热乙醇至沸，连续抽提 1h，待冷凝液刚刚虹吸下去时，立即停止加热。

（3）将仪器改装成蒸馏装置，加热回收大部分乙醇；然后将残留液（大约 10~15mL）倾入蒸发皿中；烧瓶用少量乙醇洗涤，洗涤液也倒入蒸发皿中，蒸发至近干。

（4）加入 4g 生石灰粉，搅拌均匀，用电热套加热蒸发至干，除去全部水分。冷却后，擦去沾在边上的粉末，以免升华时污染产物。

（5）将一张刺有许多小孔的圆形滤纸盖在蒸发皿上，取一只大小合适的玻璃漏斗罩于其上，漏斗颈部疏松地塞一团棉花。

（6）用电热套小心加热蒸发皿，慢慢

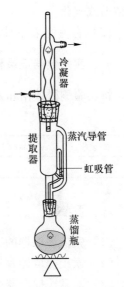

冷凝器

蒸汽导管

提取器

虹吸管

蒸馏瓶

图 4-1　索氏提取装置图

升高温度，使咖啡因升华。咖啡因通过滤纸孔遇到漏斗内壁凝结为固体，附着于漏斗内壁和滤纸上。

（7）当纸上出现白色针状晶体时，暂停加热；冷至 100℃ 左右，揭开漏斗和滤纸，仔细用小刀把附着于滤纸及漏斗壁上的咖啡因刮入表面皿中。将蒸发皿内的残渣加以搅拌，重新放好滤纸和漏斗，用较高的温度再加热升华一次。此时温度也不宜太高，否则蒸发皿内大量冒烟，产品既受污染又遭损失。

（8）合并两次升华所收集的咖啡因，称重并计算产率。

六、实验注意事项

（1）茶叶一定要用滤纸包好，以防固体漏出堵塞虹吸管。

（2）滤纸筒不宜包得太紧，以防萃取不完全，以既能紧贴器壁，又能方便取放为宜。内装物高度不能超过虹吸管顶部，滤纸筒上部不能留有空隙。

（3）萃取物颜色开始较深，最后变浅。

（4）在蒸馏时，注意不断调节温度，防止温度过高使溶质在瓶壁结垢或碳化。

（5）在蒸馏浓缩时，注意防止暴沸。

七、实验数据记录和处理

将实验测得数据和处理结果填入表4-2。

表4-2　数据记录与处理

产品颜色	产品状态	产品质量	茶叶质量	产率

八、思考题

（1）索氏提取器的工作原理是什么？

（2）索氏提取器有哪些优点？

（3）对索氏提取器滤纸筒有哪些基本要求？

（4）为什么要将固体物质（茶叶）研细成粉末？

（5）漏斗颈部为什么要放置一团脱脂棉？

（6）生石灰的作用有哪些？

（7）升华前，为什么必须除净水分？

（8）升华装置中，为什么要在蒸发皿上覆盖刺有小孔的滤纸？

实验 30　从黄连中提取黄连素

一、实验目的

（1）学习并掌握从中草药提取生物碱的原理和方法。

（2）学习并掌握减压蒸馏的操作技术。

（3）进一步掌握索氏提取器的使用方法，巩固减压过滤操作。

二、实验原理

黄连素（也称小檗碱）属于生物碱，是中草药黄连的主要有效成分。黄连中含有 4%～10% 的黄连素，此外，黄柏、白屈菜、伏牛花和三颗针等中草药中也含有黄连素，其中以黄连和黄柏中含量最高。

黄连素有抗菌、消炎和止泻的功效，对急性菌痢、急性肠炎、百日咳和猩红热等各种急性化脓性感染和急性外眼炎症都有效。

黄连素是黄色针状体，微溶于水和乙醇，较易溶于热水和热乙醇中，几乎不溶于乙醚。黄连素的盐酸盐、氢碘酸盐、硫酸盐和硝酸盐均难溶于冷水，易溶于热水，故可用水对其进行重结晶，从而达到纯化目的。

黄连素在自然界多以季铵碱的形式存在，结构为：

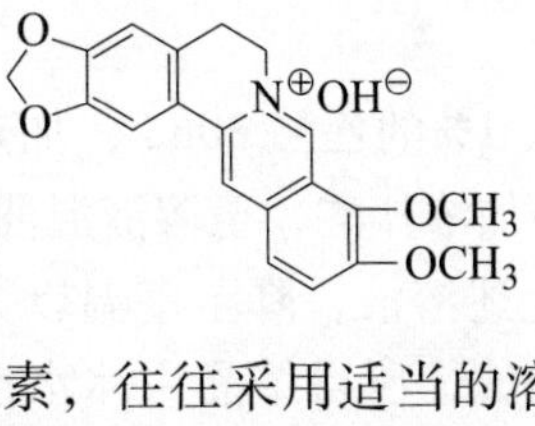

从黄连中提取黄连素，往往采用适当的溶剂（如乙醇、水和硫酸等）。在索氏提取器中连续抽提，然后浓缩，再加以酸进行酸化，得到相应的盐。粗产品可以采取重结晶等方法进一步提纯。

黄连素被硝酸等氧化剂氧化，转变为樱红色的氧化黄连素。

黄连素在强碱中部分转化为醛式黄连素，在此条件下，再加几滴丙酮，即可发生缩合反应，生成丙酮与醛式黄连素缩合产物的黄色沉淀。

三、物理常数

实验所用各化合物的物理常数见表 4-3。

表 4-3   各化合物的物理常数

名称	相对分子质量	性状	相对密度	熔点/℃	沸点/℃
黄连素	235.32	黄色固体	1.17	85	
乙醇	46.07	无色液体	0.78	−114	78.4
乙酸	60.05	无色液体	1.05	17	117.9

四、仪器和试剂

仪器：索氏提取器，圆底烧瓶，克氏蒸馏头，冷凝管，尾接管，锥形瓶，烧杯，抽滤装置。

试剂：黄连，乙醇，乙酸，浓盐酸，蒸馏水。

五、实验内容

（1）称取 10g 中药黄连，研碎磨烂，装入索氏提取器的滤纸套筒内；烧瓶内加入 100mL 95%乙醇，加热萃取 2~3h，至回流液体颜色很淡为止。

（2）进行减压蒸馏，回收大部分乙醇，至瓶内残留液体呈棕红色糖浆状，停止蒸馏。

（3）浓缩液里加入 1%的乙酸 30mL，加热溶解后趁热抽滤去掉固体杂质，在滤液中滴加浓盐酸，至溶液混浊为止（约需 10mL）。

（4）用冰水冷却上述溶液，降至室温以下后，即有黄色针状的黄连素盐酸盐析出，抽滤，所得结晶用冰水洗涤两次，可得黄连素盐酸盐的粗产品。

（5）精制。将粗产品放入 100mL 烧杯中，加入 30mL 水，加热至沸，搅拌沸腾 3~5min，趁热抽滤，滤液用盐酸调节 pH 值为 2~3，室温下放置数小时，有较多橙黄色结晶析出后抽滤，滤渣用少量冷水洗涤两次，烘干即得成品，称重并计算产率。

（6）产品检测：

方法一：取盐酸黄连素少许，加浓硫酸 2mL，溶解后加几滴浓硝酸，即呈樱红色溶液。

方法二：取盐酸黄连素约 50mg，加蒸馏水 5mL，缓缓加热，溶解后加20%氢氧化钠溶液 2 滴，显橙色，冷却后过滤，滤液加丙酮 4 滴，即发生浑浊，放置后生成黄色的丙酮黄连素沉淀。

六、实验注意事项

（1）得到纯净的黄连素晶体比较困难。将黄连素盐酸盐加热水至刚好溶解煮沸，用石灰乳调节 pH = 8.5 ~ 9.8，冷却后滤去杂质；滤液继续冷却至室温以下，即有针状体的黄连素析出；抽滤，将结晶物在 50 ~ 60℃下干燥。

（2）本实验采用索氏提取器，也可利用简单回流装置进行两三次加热回流，每次约半小时，回流液体合并使用即可。

七、实验数据记录和处理

将实验测得数据和处理结果填入表 4-4。

表 4-4　数据记录与处理

产品颜色	产品状态	产品质量	黄连质量	产率

八、思考题

（1）黄连素为何种生物碱类的化合物？

（2）为何要用石灰乳来调节 pH 值，用强碱氢氧化钾（钠）可以吗，为什么？

实验 31　乙酰苯胺的制备

一、实验目的

（1）了解酰化反应的原理和酰化剂的使用。

（2）掌握易氧化基团的保护方法。

二、实验原理

胺的酰化在有机合成中有着重要的作用。作为一种保护措施，一级和二级芳胺在合成中通常被转化为它们的乙酰基衍生物，以降低胺对氧化反应的敏感性，使其不被反应试剂破坏；同时，氨基酰化后降低了氨基在亲电取代反应（特别是卤化）中的活化能力，使其由很强的第 I 类定位基变为中等强度的第 I 类定位基，使反应由多元取代变为有用的一元取代，由于乙酰基的空间位阻，往往选择性的生成对位取代物。

乙酰芳胺可用芳胺与酰氯、酸酐或乙酸加热来进行酰化制备。乙酸试剂易得、价格便宜，但反应时间较长，适合于规模较大的制备。一般来说，酸酐是比酰氯更好的酰化试剂，用游离胺与纯乙酸酐进行酰化时，常伴有二乙酰胺 $[ArN(COCH_3)_2]$ 副产物的生成。

本实验采用苯胺与乙酸共热制备乙酰苯胺。此反应为可逆反应，在实验过程中加入过量的乙酸，同时用分馏柱把反应过程中生成的水蒸出，以提高乙酰苯胺的产率。其化学反应式为：

三、物理常数

实验所用各化合物的物理常数见表 4-5。

表 4-5 各化合物的物理常数

名称	相对分子质量	性状	相对密度	熔点/℃	沸点/℃
苯胺	93.13	无色液体	1.02	-6	184
乙酰苯胺	135.17	无色固体	1.12	114	304
乙酸	60.05	无色液体	1.05	17	118

四、仪器和试剂

仪器：圆底烧瓶，分馏柱，温度计，烧杯等。如图 4-2 所示。

试剂：苯胺，乙酸，锌粉等。

五、实验内容

（1）乙酰苯胺的制备。在 50mL 圆底烧瓶中装入 2.0mL 苯胺、3.0mL 乙酸以及少许锌粉（约 0.02g），安装分馏装置。加热使反应物微沸 20min，然后逐渐缓慢升温，并将温度维持在 100～110℃之间约 1h。当温度计读数下降，停止加热。

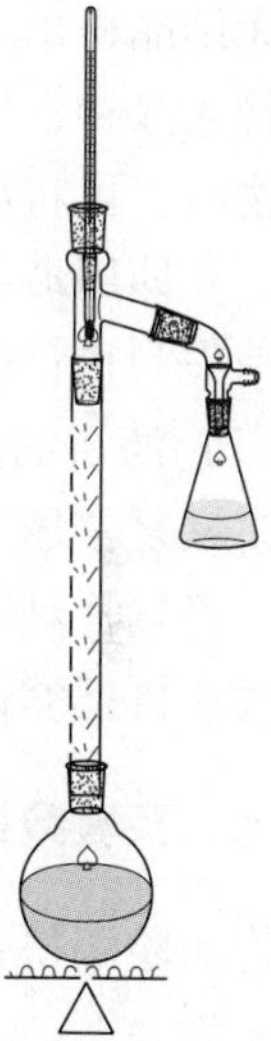

（2）结晶抽滤。将反应物趁热倒入 20mL 冷水中，冷却析出固体。将固体过滤，然后用 2mL 去离子水洗涤，得产物粗品。

（3）重结晶。将粗品加入 100mL 烧杯中，再加入 10mL 去离子水，加热溶解后，放置到冰水浴中冷却（不要搅拌）。大量析晶后，抽滤，用 1mL 去离子水洗涤两次。

（4）计算产率。干燥后，称重并计算产率。

图 4-2 乙酰苯胺制备
实验装置图

六、实验注意事项

（1）圆底烧瓶上加装短的刺形分馏柱，实验效果好。

（2）久置的苯胺色深有杂质，会影响乙酰苯胺的质量，故最好用新蒸的苯胺。苯胺有毒，有强致癌作用，使用时要注意安全，有伤口的同学注意不要与伤口接触。

（3）加入锌粉是防止苯胺在反应过程中被氧化，但不宜加得过多，因为锌被氧化成氢氧化锌，为絮状物质，会吸附产品。

（4）反应时保持分馏柱顶温度不超过105℃。开始时要缓慢加热，待有水生成后，调节反应温度，以保持生成水的速度与分出水的速度之间的平衡，切忌开始加热过快。

（5）乙酰苯胺熔点较高，稍冷即会固化，因此反应结束后须立即倒入事先准备好的冷水中，否则凝固在烧瓶中难以倒出。

（6）结晶的析出。在结晶时，让溶液静置，使之慢慢地生成完整的大晶体；若在冷却过程中不断搅拌，则得较小的结晶。若冷却后仍无结晶析出，可用下列方法使晶体析出：用玻璃棒摩擦容器内壁；投入晶种；用冰水或其他冷冻溶液冷却。如果不析出晶体而得油状物时，可将混合物加热到澄清后，让其自然冷却至有油状物析出时，立即用玻璃棒剧烈搅拌，使油状物分散在溶液中，搅拌至油状物消失为止；或加入少许晶种。

（7）滤饼的洗涤。把滤饼尽量抽干、压干，拔掉抽气的橡皮管，使滤饼恢复常压。把少量溶剂均匀地洒在滤饼上，使溶剂恰能盖住滤饼。静置片刻，使溶剂渗透滤饼，待有滤液从漏斗下端滴下时重新抽气，再把滤饼抽干。这样反复几次就可洗净滤饼。

七、实验数据记录和处理

将实验测得数据和处理结果填入表4-6。

表 4-6　数据记录与处理

产品颜色	产品状态	产品质量	苯胺质量	产率

八、思考题

（1）实验中，反应时为什么要控制分馏柱上端的温度在100~110℃之间？

（2）实验中，根据理论计算，反应完成时应产生几毫升水？为什么实际收集的液体远多于理论量？

（3）用乙酸直接酰化和用乙酸酐进行酰化各有什么优缺点？除此之外，还有哪些乙酰化剂？

（4）制备乙酰苯胺时，锌粉起什么作用？

实验 32　阿司匹林的制备

一、实验目的

（1）学习用乙酸酐作酰基化试剂酰化水杨酸制乙酰水杨酸的酯化方法。

（2）巩固重结晶和抽滤等基本操作。

（3）了解乙酰水杨酸的应用价值。

二、实验原理

乙酰水杨酸俗称阿司匹林，具有退热、镇痛、抗风湿等功效。近年来，医学界又证明其有抑制血小板凝聚、预防血栓形成和治疗心血管疾病等作用。乙酰水杨酸是由水杨酸（邻羟基苯甲酸）和乙酸酐，在少量浓硫酸（或干燥的氯化氢、有机强酸等）催化下脱水而制备，其化学反应式为：

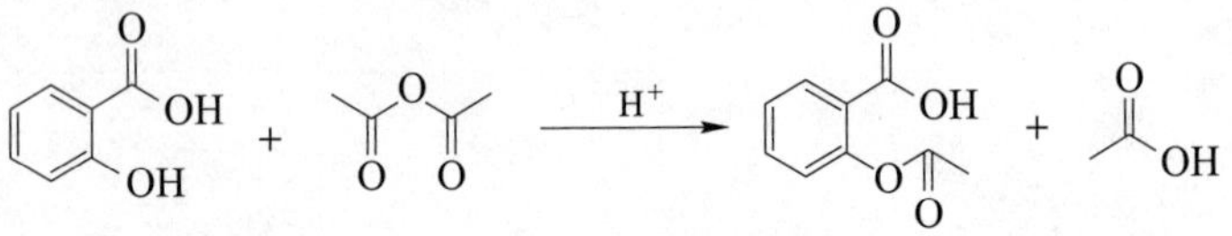

在生成乙酰水杨酸的同时，水杨酸分子间可发生缩合反应，生成少量的聚合物：

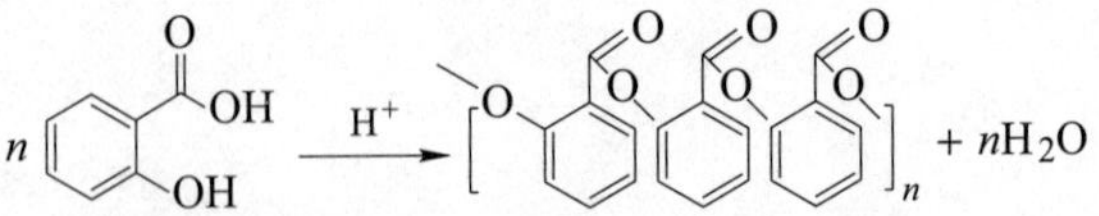

乙酰水杨酸能与碳酸氢钠反应生成水溶性钠盐，而其副产物聚合物不能溶于碳酸氢钠溶液。利用这种性质上的差别，可纯化阿司匹林。

此外，本实验反应温度不宜过高，否则将增加水杨酸自身的酯化产物（水杨酰水杨酸酯）以及阿司匹林与水杨酸之间的酯化产物

（乙酰水杨酰水杨酸酯）。

三、物理常数

实验所用各化合物的物理常数见表4-7。

表4-7　各化合物的物理常数

名称	相对分子质量	性状	相对密度	熔点/℃	沸点/℃
水杨酸	138.03	白色固体	1.44	159	211
乙酸酐	102.09	无色液体	1.09	-73	140
乙酰水杨酸	180.17	白色固体	1.35	138	321

四、仪器和试剂

仪器：圆底烧瓶，分馏柱，锥形瓶，布氏漏斗等。如图4-3所示。

试剂：水杨酸，乙酸酐，碳酸氢钠，三氯化铁，浓盐酸，浓硫酸等。

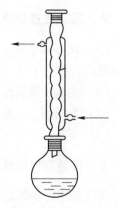

图4-3　简单回流装置

五、实验内容

（1）在100mL干燥的圆底烧瓶中依次加入3g水杨酸和5mL乙酸酐，充分振摇溶解后，边振荡边滴加5滴浓硫酸。

（2）在80~85℃水浴中边加热边振摇15~20min。

（3）静置冷却至室温，至析出乙酰水杨酸结晶。若无结晶析出，可用玻璃棒摩擦器壁，或将装有反应物的圆底烧瓶置于冷水冷却至结晶析出。

（4）在搅拌下将结晶物倒入100mL冷的去离子水。抽滤粗品，用10mL冷的去离子水洗涤两次，以洗去反应生成的乙酸及反应物中的硫酸。

（5）将粗产物移至150mL烧杯中，加入饱和碳酸氢钠水溶液，边加边搅拌，直至不再有二氧化碳产生为止。抽滤，除去不溶性聚合物（水杨酸自身聚合）。

（6）将滤液倒入 100mL 烧杯中，缓缓加入 10mL 20%盐酸，边加边搅拌。这时会有晶体逐渐析出。将此反应混合物置于冰水浴中，使晶体尽量析出。抽滤，用少量冷水洗涤 2~3 次，然后抽干。

（7）取少量乙酰水杨酸，溶入几滴乙醇中，并滴加 1~2 滴 1%三氯化铁溶液，如果发生显色反应，说明仍有水杨酸存在。产物可用乙醇-水混合溶剂重结晶：即先将粗产品溶于少量沸乙醇中，再向乙醇溶液中添加热水，直至溶液中出现混浊，再加热至溶液澄清透明（注意：加热不能太久，以防乙酰水杨酸分解），静置慢慢冷却，过滤。

（8）干燥，称重并计算产率。

六、实验注意事项

（1）仪器要全部干燥，药品也要实现经干燥处理，醋酐要使用新蒸馏的，收集 139~140℃的馏分。

（2）在滴加浓硫酸时，需要振荡，以降低副产物生成。

（3）水杨酸、乙酸酐和浓硫酸必须依次加入。

（4）本实验中要注意控制好温度（水温 90℃）。

七、实验数据记录和处理

将实验测得数据和处理结果填入表 4-8。

表 4-8　数据记录与处理

产品颜色	产品状态	产品质量	水杨酸质量	产率

八、思考题

（1）水杨酸与醋酐的反应过程中，浓硫酸起什么作用？

（2）若在硫酸的存在下，水杨酸与乙醇作用将得到什么产物？写出反应方程式。

（3）本实验中可产生什么副产物？

（4）通过什么样的简便方法可以鉴别出乙酰水杨酸是否变质？

实验 33　对氨基苯磺酰胺的制备

一、实验目的

（1）学习对氨基苯磺酰胺的制备方法，掌握苯环上的磺化反应、酰氯的氨解和乙酰氨基衍生物水解反应。

（2）巩固回流、脱色、重结晶和抽滤等基本操作。

二、实验原理

对氨基苯磺酰胺是一种最简单的磺胺药，俗称 SN。它是以乙酰苯胺为原料，经过氯磺化和氨解，最后在酸性介质中水解除去乙酰基而制得。乙酰苯胺的氯磺化需要用过量的氯磺酸，1mol 的乙酰苯胺至少要用 2mol 的氯磺酸，否则会有磺酸生成。过量氯磺酸的作用是将磺酸转变为磺酰氯。其化学反应式为：

$$\text{C}_6\text{H}_5\text{NHCOCH}_3 + 2\,\text{HOSO}_2\text{Cl} \longrightarrow p\text{-}\text{CH}_3\text{CONH-C}_6\text{H}_4\text{-SO}_2\text{Cl} + \text{H}_2\text{SO}_4 + \text{HCl}$$

$$p\text{-}\text{CH}_3\text{CONH-C}_6\text{H}_4\text{-SO}_2\text{Cl} + \text{NH}_3 \longrightarrow p\text{-}\text{CH}_3\text{CONH-C}_6\text{H}_4\text{-SO}_2\text{NH}_2 + \text{HCl}$$

$$p\text{-}\text{CH}_3\text{CONH-C}_6\text{H}_4\text{-SO}_2\text{NH}_2 + \text{H}_2\text{O} \xrightarrow{\ \text{H}^+\ } p\text{-}\text{NH}_2\text{-C}_6\text{H}_4\text{-SO}_2\text{NH}_2 + \text{CH}_3\text{COOH}$$

三、物理常数

实验所用各化合物的物理常数见表 4-9。

表 4-9　各化合物的物理常数

名称	相对分子质量	性状	相对密度	熔点/℃	沸点/℃
对氨基苯磺酰胺	172.2	白色固体	1.1	165	401
氯磺酸	116.5	无色液体	1.8	-80	151
乙酰苯胺	135.2	白色固体	1.2	114	304
碳酸钠	106.0	白色固体	2.5	851	1600

四、仪器和试剂

仪器：圆底烧瓶，球形冷凝管，烧杯等。如图 4-4 所示。

试剂：乙酰苯胺，氯磺酸，氨水，盐酸，碳酸钠等。

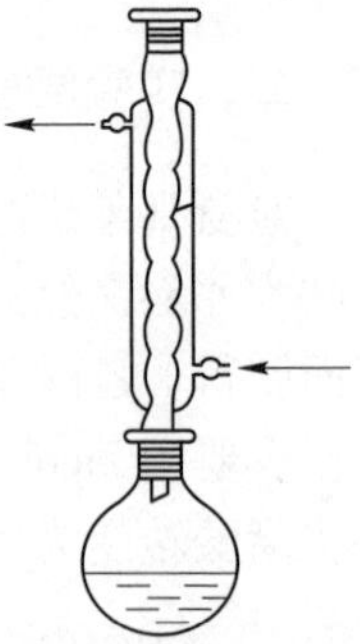

图 4-4　对氨基苯磺
酰胺回流装置图

五、实验内容

1. 对乙酰氨基苯磺酰氯

在干燥的 100mL 三口烧瓶中，加入 5g 干燥的乙酰苯胺，用小火加热熔化。瓶壁上若有少量水汽凝结，应用干净的滤纸吸去。边冷却边转动烧瓶使熔化物在瓶壁上凝结成薄层，将烧瓶置于冰水浴中充分冷却后，接上氯化氢吸收装置，迅速加入 13mL 氯磺酸，反应迅速发生。若反应过于激烈，可用冰水浴冷却；但如果不反应，可将烧瓶温热。待反应缓和后，轻轻摇动烧瓶使固体全溶，然后再在温水浴中加热 10~15min 使反应完全，直至无氯化氢气体产生。将反应瓶在冷水中充分冷却后，于通风橱中在强烈搅拌下，将反应液以细流慢慢倒入盛 75g 碎冰的烧杯中，用少量冷水洗涤反应瓶并倒入烧杯中。搅拌数分钟，并尽量将大块固体粉碎，使之成为颗粒小而均匀的白色固体。抽滤并用少量冷水洗涤，压干，立即进行下一步反应。

2. 对乙酰氨基苯磺酰胺

将上述粗产物移入四口圆底烧杯中，装配好吸收装置，在不断搅拌中慢慢加入 18mL 浓氨水，立即发生放热反应并产生白色糊状物。加完后，继续搅拌 15min，使反应完全。然后加入 10mL 水，用小火加热 10~15min，并不断搅拌，以除去多余的氨，得到的混合物可直接用于下一步合成。

3. 对氨基苯磺酰胺

将上述反应物放入圆底烧瓶中，加入 3.5mL 浓盐酸和几粒沸石，小火加热回流 0.5h。冷却后，应得几乎澄清的溶液。若有固体析出，检测溶液的酸碱性，不呈酸性时酌情外加盐酸，继续加热，使反应完全。如溶液呈黄色，并有极少量固体存在时，需加入少量活性炭煮沸 10min，趁热过滤。将滤液转入大烧杯中，在搅拌下小心加入粉状碳酸钠至恰呈碱性（约 4g）。在冰水浴中冷却，抽滤收集固体，用少量冰水洗涤，压干。粗产物用水重结晶，干燥称重，并计算产率。

六、实验注意事项

（1）氯磺酸有强烈的腐蚀性，遇空气会冒出大量氯化氢气体，遇水会发生猛烈的放热反应，甚至爆炸，故取用时必须特别注意不能碰到皮肤和水。反应中所用仪器及药品皆须十分干燥。含氯磺酸的废液也不能倒入水槽。

（2）氯磺酸与乙酰苯胺的反应非常剧烈，将乙酰苯胺凝结成块状，可使反应缓和进行；当反应过于激烈时，应适当冷却。

（3）在氯磺化过程中，将有大量氯化氢气体放出。为避免污染室内空气，装置应严密，导气管的末端要与接收器内的水面接近，但不能插入水中，否则可能倒吸而引发严重事故。

（4）对乙酰氨基苯磺酰胺在稀酸中水解成磺胺，后者又与过量的盐酸形成水溶性的盐酸盐，所以水解完成后，反应液冷却时应无晶体析出。由于水解前溶液中氨的含量不同，加 3.5mL 盐酸有时不够。因此，在回流至固体全部消失前，应测一下溶液的酸碱性，若酸性不够，应补加盐酸回流一段时间。

（5）用碳酸钠中和滤液中的盐酸时，有二氧化碳产生，故应控制加热速度并不断搅拌使其逸出。磺胺是两性化合物，在过量的碱溶液中也易变成盐类而溶解。故中和操作必须仔细进行，以免降低产量。

七、实验数据记录和处理

将实验测得数据和处理结果填入表 4-10。

表 4-10　数据记录与处理

产品颜色	产品状态	产品质量	乙酰苯胺质量	产率

八、思考题

（1）为什么在氯磺化反应完成以后，在处理反应混合物时，必须移到通风橱中，且在充分搅拌下缓缓倒入碎冰中？若在未倒完前冰就化完了，是否应补加冰块，为什么？

（2）为什么苯胺要乙酰化后再氯磺化，直接氯磺化行吗？

（3）为什么对氨基苯磺酰胺可溶于过量的碱液中？

（4）在合成对乙酰氨基苯磺酰氯时，试从结构-性质的角度解释下面的操作：将乙酰苯胺凝结成块状后再加入氯磺酸反应。

（5）在合成对乙酰氨基苯磺酰胺时，为什么让乙酰氨基苯磺酰氯与浓氨水反应，而不需用纯氨（氨气或是液氨）？

实验 34　二茂铁的合成

一、实验目的

（1）学习合成金属有机化合物的基本原理和方法。

（2）了解制备二茂铁的影响因素。

（3）掌握在无氧条件下进行反应的方法和技巧。

二、实验原理

二茂铁又叫双环戊二烯基铁，是由两个环戊二烯基阴离子和一个二价铁阳离子组成的夹心型化合物。其分子呈极性，具有高度热稳定性、化学稳定性和耐辐射性，溶于浓硫酸中，在沸腾的烧碱溶液和盐酸中不溶解、不分解。在化学性质上，二茂铁与芳香族化合物相似，不容易发生加成反应，容易发生亲电取代反应，可进行金属化、酰基化、烷基化、磺化、甲酰化以及配合体交换等反应，从而可制备一系列用途广泛的衍生物。随着科学技术的发展，二茂铁的衍生物多达数百种，用途越来越广。

目前，二茂铁的制备方法主要可分为化学合成法和电解合成法两大类。化学合成法主要有环戊二烯钠法、二乙胺法、相转移催化法和二甲基亚砜法等。化学合成法的应用较多，国内主要有醇钠法和有机胺法，但存在试剂要求高、反应时间长和有污染等缺点，不利于大规模工业生产。电解合成法是在直流电作用下，以铁板和镍板作电极，用恒电流法或恒电压法制备二茂铁。电解合成法能连续操作，但产率低，操作复杂，污染大。

本实验采用二甲基亚砜为溶剂，以环戊二烯、氯化亚铁和氢氧化钾为原料，经一步反应得到粗产物，然后用石油醚萃取混合液来提纯二茂铁。其化学反应式为：

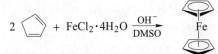

$$2 \bigcirc + FeCl_2 \cdot 4H_2O \xrightarrow[DMSO]{OH^-} \text{Fe}$$

该方法的优点是简化了环戊二烯脱质子步骤。本法中，氢氧化钾不仅用做脱质子试剂，还可用做干燥剂，脱去原料中的水分。

三、物理常数

实验所用各化合物的物理常数见表 4-11。

表 4-11　各化合物的物理常数

名　称	相对分子质量	性状	相对密度	熔点/℃	沸点/℃
环戊二烯	66.1	无色液体	0.80	−85	43
二茂铁	186.0	橙色固体	2.69	173	249
氢氧化钾	56.1	白色固体	1.45	361	1320
氯化亚铁四水合物	198.8	绿色固体	1.93	670	1023
二甲基亚砜	78.1	无色液体	1.10	18	189

四、仪器和试剂

仪器：二口瓶，球形冷凝管，恒压滴液漏斗，布氏漏斗，抽滤瓶，烧杯，红外灯，表面皿，脱脂棉，电磁搅拌器等。如图 4-5 所示。

试剂：环戊二烯，氢氧化钾，氯化亚铁，二甲基亚砜，氮气，盐酸。

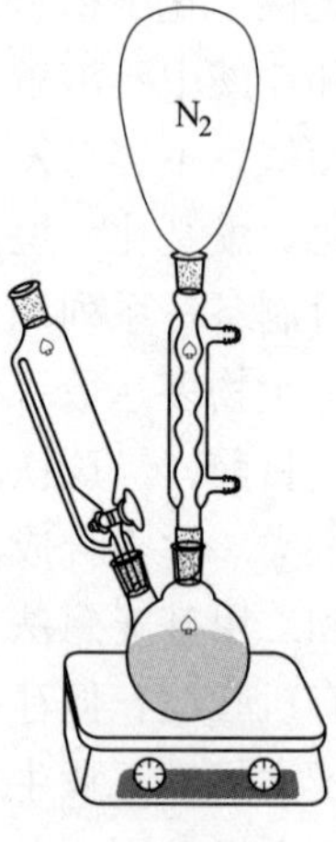

五、实验内容

（1）在 50mL 二口瓶中加入 0.5g KOH、15mL 二甲基亚砜及 1.5mL 环戊二烯，装好恒压滴液漏斗和球形冷凝管，并在球形冷凝管上安装一个装有氮气的气球。开动搅拌器，打开

图 4-5　二茂铁合成
装置图

通氮气的阀门，将氮气通入反应体系中，同时打开恒压滴液漏斗上的塞子放气。约 2min 后，停止放气。

（2）待形成环戊二烯钾黑色溶液后，滴加约 1.8g $FeCl_2 \cdot 4H_2O$ 和 12.5mL 二甲亚砜刚配置好的混合液，同时加强搅拌，在氮气保护下反应，滴加完毕后继续搅拌 20min。

（3）将反应物倾入 25g 冰和 25g 水的混合物中，搅拌均匀。用

2mol/L 盐酸调反应液 pH＝3～5，待黄色固体完全析出后，抽滤，用 5mL 水先后洗滤饼四次。

（4）若需进一步纯化，可将粗产品干燥后，放入干燥的 200mL 烧杯中，盖上表面皿，用脱脂棉塞住烧杯嘴，缓缓加热烧杯，表面皿外用湿布冷却，常压 100℃升华，可得黄色片状光亮的晶体；干燥、称重并计算产率。

六、实验注意事项

（1）环戊二烯在常温下发生双烯合成反应，形成环戊二烯二聚体（又称联环戊二烯）。使用之前采用简单分馏方法，用电热套加热烧瓶，接收瓶应冷却，柱顶温度控制在 40～43℃，环戊二烯可平稳的被蒸出，应立即使用，或暂时置于冰箱低温保存。

（2）在空气中，二茂铁能被氧化成蓝色的正离子 $Fe^{3+}(C_5H_5)_2$，$FeCl_2 \cdot 4H_2O$ 在二甲亚砜中也会从 Fe^{2+} 变成 Fe^{3+}，因此要用氮气保护以隔绝空气。

（3）$FeCl_2 \cdot 4H_2O$ 如果变成棕色，可用乙醇或乙醚洗成淡绿色再用，用前应研细溶解。

（4）KOH 应研细加入，由于易吸潮，加入时动作要快。

七、实验数据记录和处理

将实验测得数据和处理结果填入表 4-12。

表 4-12 数据记录与处理

产品颜色	产品状态	产品质量	环戊二烯体积	产率

八、思考题

（1）二茂铁比苯更易发生亲电取代反应，但是混合酸（HNO_3＋H_2SO_4）使二茂铁发生硝化反应时，实验却是失败的，为什么？

（2）盐酸加得不够或过量会有什么后果？

（3）KOH 可否用 NaOH 代替，碱过量又会有何影响？

（4）还可用何物质代替二甲亚砜？它在本实验中的作用是什么？

实验 35　邻苯二甲酸二丁酯的制备

一、实验目的

（1）了解邻苯二甲酸二丁酯的制备原理和方法。

（2）熟悉减压蒸馏操作及分水装置的操作。

二、实验原理

增塑剂是一种与塑料或合成树脂兼容的化学品，它能够使塑料变软并降低脆性，可以简化塑料的加工过程，并赋予塑料某些特殊性能。其基本原理在于增塑剂本身具有极性基团，这些极性基团具有与高分子链相互作用的能力，促使相邻高分子链间的吸引力减弱。按照化学结构的不同，增塑剂主要分为邻苯二甲酸酯类、脂肪酸二元酸酯类、磷酸酯类、环氧化合物类、偏苯三甲酸酯类、聚酯类、氯化石蜡、二元醇、多元醇类和磺酸衍生物，其中尤以邻苯二甲酸酯类产量大、用途广。

邻苯二甲酸二丁酯为无色油状液体，微具有芳香味，毒性低，挥发性优于邻苯二甲酸二甲酯，能与大多数有机溶剂、树脂、油类和烃类相混溶；在水中的溶解度为 0.03%（25℃），水在其中的溶解度为 0.4%（25℃）。邻苯二甲酸二丁酯主要用于聚氯乙烯的增塑剂，当用于乙酸纤维素时，常与邻苯二甲酸二甲酯合用，以提高制品的耐水性和弹性，并赋予制品适当的硬度。当用于硝酸纤维素时，可以得到耐光性、强韧性优良的无臭味的赛璐珞制品。此外，它还用于提高聚乙酸乙烯酯胶黏剂的黏合力或用做醇酸树脂的增塑剂。

本实验采用邻苯二甲酸酐与正丁醇在浓硫酸催化下制备邻苯二甲酸二丁酯，其中正丁醇过量，其化学反应式为：

$$\underset{\overset{|}{COOH}}{\overset{\overset{|}{COOC_4H_9}}{\bigcirc}} + n\text{-}C_4H_9OH \underset{}{\overset{H_2SO_4}{\rightleftharpoons}} \underset{\overset{|}{COOC_4H_9}}{\overset{\overset{|}{COOC_4H_9}}{\bigcirc}} + H_2O$$

反应的第一步进行迅速而完全。反应的第二步是可逆反应。为提高邻苯二甲酸二丁酯的产率，需利用分水器将生成的水不断从体系中除去。

三、物理常数

实验所用各化合物的物理常数见表 4-13。

表 4-13　各化合物的物理常数

名　称	相对分子质量	性状	相对密度	熔点/℃	沸点/℃
邻苯二甲酸酐	148.11	白色固体	1.53	131	284
正丁醇	74.12	无色液体	0.81	−89	117
浓硫酸	98.08	无色液体	1.84	10	338
碳酸钠	105.99	白色固体	2.53	851	1600
邻苯二甲酸二丁酯	278.34	无色液体	1.04	−35	340

四、仪器和试剂

仪器：三口烧瓶，圆底烧瓶，温度计，分液漏斗，锥形瓶，球形冷凝管，直形冷凝管，分水器，尾接管。如图 4-6 所示。

试剂：邻苯二甲酸酐，正丁醇，浓硫酸，碳酸钠，无水硫酸镁。

五、实验内容

（1）在装入一定量的去离子水（水面高度离分水器切口约 1cm）的分水器及其上端装有回流冷凝器的三口烧瓶中，加入 29.6g 邻苯二甲酸酐、50mL 正丁醇、8 滴浓硫酸及几粒沸石，充分混合。

（2）缓慢进行加热，一直到固体邻苯二甲酸酐消失。升温到沸腾（控制升温速度，每秒钟滴液 1~2 滴）。当酯化反应进行到一定程度的时候，可以观察到从冷凝管滴入分水器的冷凝液中出现水珠。随着反应的进行，分出水层增多，反应温度逐渐升高。当分水器中

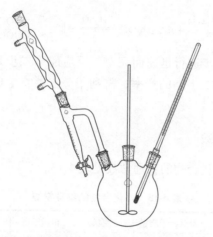

图 4-6   制备邻苯二甲酸二丁酯的反应装置

水层不再升高时，从分水器中放出正丁醇。

（3）当反应混合物温度升高到 160℃，冷却反应物到 70℃，然后倒入分液漏斗中，用等量的饱和食盐水洗涤两次。用 5%碳酸钠中和后（此过程中用 pH 试纸定性测试至中性），再用饱和食盐水洗涤有机层至中性，分离出油状粗产物，以无水硫酸镁干燥，然后用布氏漏斗进行过滤（一定注意干燥所有的玻璃仪器）。

（4）收集滤液，进行减压蒸馏，减压下蒸去正丁醇（40℃左右的馏分），再收集 200～210℃/2666Pa 或 180～199℃/1333Pa（绝对压力）馏分，即为邻苯二甲酸二丁酯产品。

（5）量取样品体积，计算产率。

六、实验注意事项

（1）反应器及药品尽量避免带入水分。

（2）无沸石时，也可以用搅拌器代替，使物料混合良好。

（3）正丁醇-水共沸点为 93℃（含水 44.5%），共沸物冷却后，在分水器中分层，上层主要是正丁醇（含水 20.1%），继续回流到反应瓶中，下层为水（含正丁醇 7.7%）。

（4）反应温度过高（180℃），产物在酸性条件下会发生分解反应。

（5）根据从分水器中分出的水量（注意其中含正丁醇7.7%）来判断反应进行的程度。也可以用温度来判断，随着反应的进行，体系中的水越来越少，温度逐渐上升。

（6）中和温度（≤70℃）和碱的浓度不宜过高，否则酯易于起水解（即皂化）反应，同时也是为了防止在洗涤过程中发生乳化现象，而且这种处理后不必进行干燥，即可进行下一步操作。

（7）根据真空度的不同，也可能改为收集：200～210℃/2670Pa、175～180℃/670Pa以及165～170℃/270Pa的馏分。

七、实验数据记录和处理

将实验测得数据和处理结果填入表4-14。

表4-14　数据记录与处理

产品颜色	产品状态	产品质量	邻苯二甲酸酐质量	产率

八、思考题

（1）从分水器中生成水的量可大致判断反应进行的程度，能否以此作为衡量反应进行程度的标准？

（2）为什么要对粗产品进行中和后再用饱和食盐水洗涤？

（3）粗产品邻苯二甲酸二丁酯中可能含有哪些杂质？

（4）正丁醇在浓硫酸存在下，加热到反应时的温度，可能有哪些副反应？硫酸用量过多有什么不良影响？

（5）为什么要用过量的正丁醇与邻苯二甲酸酐反应？

实验 36　十二烷基二甲基甜菜碱的合成

一、实验目的

（1）掌握甜菜碱型两性离子表面活性剂的合成原理和合成方法。

（2）了解甜菜碱型两性表面活性剂的性质和用途。

二、实验原理

两性离子表面活性剂易溶于水，难溶于有机溶剂，毒性小，杀菌性、耐硬水性、相容性、洗涤性和分散性均较好。两性离子表面活性剂分子中有两个亲水基，同时具有阴离子性和阳离子性亲水基（阳离子部分有胺盐、季铵盐、咪唑啉类，阴离子部分有羧酸盐、磺酸盐、硫酸盐和磷酸盐）。在酸（碱）性溶液中呈阳（阴）离子性，而在中性溶液中有类似非离子表面活性剂的性质。两性离子表面活性剂主要应用于香波起泡剂、护发剂、杀菌剂、纤维柔软剂、抗静电剂和防锈剂等。

十二烷基二甲基甜菜碱，又名月桂基二甲基甜菜碱，是一种两性离子表面活性剂，为无色或淡黄色透明黏稠液体，有良好的去污、气泡渗透和抗静电性能，杀菌作用温和，刺激性小；在碱性、酸性和中性条件下均溶于水，即使在等电点也无沉淀。

在本实验中，十二烷基二甲基甜菜碱是用 N,N-二甲基十二烷胺和氯乙酸钠反应合成的，其化学反应式为：

$$C_{12}H_{25}-N{\overset{CH_3}{\underset{CH_3}{\big|}}} + ClH_2C-\overset{O}{\overset{\|}{C}}-ONa \longrightarrow C_{12}H_{25}-\overset{CH_3}{\underset{CH_3}{N^+}}-CH_2COO^- + NaCl$$

三、物理常数

实验所用各化合物的物理常数见表 4-15。

表 4-15　各化合物的物理常数

名　称	相对分子质量	性状	相对密度	熔点/℃	沸点/℃
十二烷基二甲基甜菜碱	313.5	无色液体	1.03		
氯乙酸钠	116.5	白色固体	1.40	199	
二甲基十二烷胺	148.2	无色液体	0.78	−20	247
乙醇	46.1	无色液体	0.78	−115	78.4
乙醚	74.1	无色液体	0.71	−116	34.6

四、仪器和试剂

仪器：电动搅拌器，电热套，三口烧瓶，球形冷凝管，玻璃漏斗，温度计，界面张力仪，泡沫测定仪。

试剂：N,N-二甲基十二烷胺，氯乙酸钠，乙醇，盐酸，乙醚。

五、实验内容

（1）将 10.7g N,N-二甲基十二烷胺、5.8g 氯乙酸钠和30mL 50%乙醇加入 250mL 三口烧瓶，安装好回流装置。

（2）开启搅拌以及电热套，在 60~80℃ 下回流，至反应液变成透明为止。

（3）停止反应，冷却至室温，在搅拌下缓慢滴入浓盐酸，直至出现乳状液不再消失为止。

（4）在冰-水浴中冷却结晶、过滤，然后分别用 7mL 50%乙醇溶液洗涤两次，并干燥。

（5）所得粗产品用乙醇与乙醚体积比为 2∶1 的混合溶液重结晶，过滤。

（6）产品干燥、称重并计算产率。

六、实验注意事项

（1）所用的玻璃仪器必须干燥。

（2）滴加浓盐酸不要太多，至乳状液不再消失即可。

（3）洗涤滤饼时，洗涤溶剂要用规定的浓度及剂量，不宜太多。

七、实验数据记录和处理

将实验测得数据和处理结果填入表 4-16。

表 4-16　数据记录与处理

产品颜色	产品状态	产品质量	二甲基十二烷胺质量	产率

八、思考题

（1）两性表面活性剂有哪几类？其在工业和日用化工方面有哪些用途？

（2）甜菜碱型与氨基酸型两性表面活性剂相比，其性质中最大差别是什么？

附　　录

附录1　基础有机化学实验工具书、参考书及期刊

1. 工具书（手册，辞典）

王箴. 化工辞典. 3 版. 北京：化学工业出版社，1993.

黄天宇. 化学化工药学大辞典. 中国台湾：台湾大学图书公司出版，1982.

Cadogan J I G, Ley S V. Pattenden G. Dictionary of Organic Compounds. 6th ed. London：Chapmann & Hall, 1996.

Budavari S. The Merck Index. 12nd ed. Whitehouse Station：Merck & CO-Inc, 1996.

2. 参考书

程青芳. 有机化学实验. 南京：南京大学出版社，2006.

黄涛. 有机化学实验. 2 版. 北京：高等教育出版社，1998.

丁长江. 有机化学实验. 北京：科学出版社，2006.

兰州大学，复旦大学化学系有机化学教研室. 有机化学实验. 2 版. 北京：高等教育出版社，1994.

曾昭琼. 有机化学实验. 3 版. 北京：高等教育出版社，2000.

Mary Fieser. Reagents for Organic Synthesis. New York：A Wiley-interscience publication, 1990.

Fieser L F, Fieser M. Reagents for Organic Synthesis. New York：Wiley, 1974.

Williamson K L. Macroscale and Microscale Organic Experiments. 3rd ed.

Boston: Houghton MIfflin Co, 1999.

Gilbert J C. Experimental Organic Chemistry: A Miniscale and Microscale Approach. 3rd ed. New York: Brooks Cole, 2001.

Schoffstall A M. Microscal and Miniscale Organic Chemistry Laboratory Experiments. Boston: MeGraw-Hill, 2000.

9. 期刊

Angewandte Chemie, International Edition

Journal of the American Chemical Society

Journal of the Chemical Society

Journal of Organic Chemistry

Tetrahedron

Tetrahedron Letters

Synthetic Communications

Synthesis

中国科学 B 辑

化学学报

高等学校化学学报

附录 2　常用有机溶剂的纯化

在基础有机化学实验中，经常使用各类溶剂作为反应介质或用来分离提纯粗产物。由于反应的特点和物质的性质不同，对溶剂规格的要求也不相同。这里介绍几种实验室中常用的有机溶剂的纯化方法。

1. 无水乙醚

沸点为 34.51℃，n_d^{20} 1.3526，d_4^{20} 0.71378。久藏的乙醚常含有少量过氧化物。过氧化物的检验为：在干净的试管中滴入 2~3 滴浓硫酸、1mL 2%碘化钾溶液（若碘化钾溶液已被空气氧化，可用稀亚硫酸钠溶液滴到黄色消失）和 1~2 滴淀粉溶液，混合均匀后加入乙醚，出现蓝色即表示有过氧化物存在。除去过氧化物的方法为：用新配制的硫酸亚铁稀溶液（配制方法是 60g $FeSO_4 \cdot H_2O$、100mL 水和 6mL 浓硫酸）。将 100mL 乙醚和 10mL 新配制的硫酸亚铁溶液放在分液漏斗中洗涤数次，至无过氧化物为止。市售乙醚中常含有微量水、乙醇和其他杂质，不能满足无水实验的要求。可用下述方法进行处理制得无水乙醚。

在 250mL 干燥的圆底烧瓶中，加入 100mL 乙醚和几粒沸石，装上回流冷凝管。将盛有 10mL 浓硫酸的滴液漏斗通过带有侧口的橡胶塞安装在冷凝管上端接通冷凝水后，将浓硫酸缓慢滴入乙醚中。由于吸水作用产生热，乙醚会自行沸腾。当乙醚停止沸腾后，拆除回流冷凝管，补加沸石后，改成蒸馏装置，用干燥的锥形瓶作接收器。在尾接管的支管上安装一支盛有无水氯化钙的干燥管，干燥管的另一端连接橡胶管，将逸出的乙醚蒸气导入水槽中。

用事先准备好的热水浴做热源进行加热蒸馏，收集 34.5℃馏分 70~80mL，停止蒸馏。烧瓶内所剩残液倒入指定的回收瓶中（切不可向残液中加水）。向盛有乙醚的锥形瓶中加入 1g 钠丝，然后用带有氯化钙干燥管的塞子塞上，以防止潮气侵入，并可使产生的气体逸出。放置 24h，使乙醚中残存的痕量水和乙醇转化为氢氧化钠和乙醇钠。如发现金属钠表面已全部发生作用，则需补加少量钠丝，放置至无气泡产生，金属钠表面完好，即可满足使用要求。

2. 无水乙醇

沸点为 78.5℃，n_D^{20} 1.3611，d_4^{20} 0.7893。制备无水乙醇的方法很多，根据对无水乙醇质量的要求不同而选择不同的方法。

若要求 98%~99% 的乙醇，可采用下列方法：

（1）利用苯、水和乙醇形成低共沸混合物的性质，将苯加入乙醇中，进行分馏，在 64.9℃ 时蒸出苯、水和乙醇的三元共沸混合物，多余的苯在 68.3℃ 与乙醇形成二元共沸混合物被蒸出，最后蒸出乙醇。工业多采用此法。

（2）用生石灰脱水。于 100mL 95% 乙醇中加入新鲜的块状生石灰 20g，回流 3~5h，然后进行蒸馏。

若要求 99% 以上的乙醇，可采用下列方法：

（1）在 100mL 99% 乙醇中，加入 7g 金属钠，待反应完毕，再加入 27.5g 邻苯二甲酸二乙酯或 25g 草酸二乙酯，回流 2~3h，然后进行蒸馏。金属钠虽能与乙醇中的水作用，产生氢气和氢氧化钠，但所生成的氢氧化钠又与乙醇发生平衡反应，因此单独使用金属钠不能完全除去乙醇中的水，须加入过量的高沸点酯，如邻苯二甲酸二乙酯，与生成的氢氧化钠作用，抑制上述反应，从而达到进一步脱水的目的。

（2）在 60mL 99% 乙醇中，加入 5g 镁和 0.5g 碘，待镁溶解生成醇镁后，再加入 900mL 99% 乙醇，回流 5h 后，蒸馏，可得到 99.9% 乙醇。由于乙醇具有非常强的吸湿性，所以操作时动作要迅速，尽量减少转移次数，以防止空气中的水分进入；同时，所用仪器必须事前干燥好。

3. 丙酮

沸点为 56.2℃，n_D^{20} 1.3588，d_4^{20} 0.7899。市售丙酮中往往含有甲醇、乙醛和水等杂质，可用下述方法提纯。

在 250mL 圆底烧瓶中，加入 100mL 丙酮和 0.5g 高锰酸钾，安装回流冷凝管，水浴加热回流。若混合液紫色很快消失，则需补加少量高锰酸钾，继续回流，直到紫色不再消失为止。然后改成蒸馏装置，加入几粒沸石，水浴加热蒸出丙酮，用无水碳酸钾干燥 1h。将干燥好的丙酮倾入 250mL 圆底烧瓶中，加入沸石，安装蒸馏装置（全部仪器均须干燥）。水浴加热蒸馏，收集 55.0~56.5℃ 馏分。

4. 乙酸乙酯

沸点为 77.06℃，n_D^{20} 1.3723，d_4^{20} 0.9003。市售的乙酸乙酯一般含量常为 95%~98%，含有少量水、乙醇和乙酸。可先用等体积的 5% 碳酸钠溶液洗涤，再用饱和氯化钙溶液洗涤；酯层倒入干燥的锥形瓶中，加入适量无水碳酸钾干燥 1h 后，蒸馏，产物沸点为 77℃。乙酸乙酯也可用下法纯化：于 1000mL 乙酸乙酯中加入 100mL 乙酸酐和 10 滴浓硫酸，加热回流 4h，除去乙醇和水等杂质，然后进行蒸馏。馏液用 20~30g 无水碳酸钾振荡，再蒸馏，纯度可达 99% 以上。

5. 石油醚

石油醚是低级烷烃的混合物。根据沸程范围不同，可分为 30~60℃、60~90℃ 和 90~120℃ 等不同规格。石油醚中常含有少量沸点与烷烃相近的不饱和烃，难以用蒸馏法进行分离，此时可用浓硫酸和高锰酸钾将其除去。方法如下：

在 150mL 分液漏斗中，加入 100mL 石油醚，用 10mL 浓硫酸分两次洗涤，再用 10% 硫酸与高锰酸钾配制的饱和溶液洗涤，直至水层中紫色不再消失为止。用蒸馏水洗涤两次后，将石油醚倒入干燥的锥形瓶中，加入无水氯化钙干燥 1h，蒸馏，收集需要规格的馏分。若需绝对干燥的石油醚，可加入钠丝（与纯化无水乙醚相同）。

6. 二氯甲烷

沸点为 40℃，n_D^{20} 1.4242，d_4^{20} 1.3266。使用二氯甲烷比氯仿安全，因此常常用它来代替氯仿作为比水重的萃取剂。普通的二氯甲烷一般都能直接做萃取剂用。如需纯化，可用 5% 碳酸钠溶液洗涤，再用水洗涤，然后用无水氯化钙干燥，蒸馏收集 40~41℃ 的馏分，保存在棕色瓶中。

7. 氯仿

沸点为 61.7℃，n_D^{20} 1.4459，d_4^{20} 1.4832。普通氯仿中含有 1% 乙醇（这是为防止氯仿分解为有毒的光气，作为稳定剂加进去的）。除去乙醇的方法是用水洗涤氯仿 5~6 次后，将分出的氯仿用无水氯化钙干燥 24h，再进行蒸馏，收集 60.5~61.5℃ 馏分。纯品应装在棕色瓶内，置于暗处避光保存。

8. 四氯化碳

沸点为 76.8℃，n_D^{20} 1.4603，d_4^{20} 1.595。四氯化碳中二硫化碳达 4%。纯化时，可将 1000mL 四氯化碳与 60g 氢氧化钾加入 60mL 水和 100mL 乙醇的混合液中，在 50~60℃ 时振摇 30min，然后水洗；再将此四氯化碳按上述方法重复操作再一次（氢氧化钾的用量减半）。四氯化碳中残余的乙醇可以用氯化钙除掉。最后将四氯化碳用氯化钙干燥，过滤，蒸馏收集 76.7℃ 馏分。四氯化碳不能用金属钠干燥，因有爆炸危险。

9. 苯

沸点为 80.1℃，n_D^{20} 1.5011，d_4^{20} 0.8765。普通苯中可能含有少量噻吩，除去的方法是用少量（约为苯体积的 15%）浓硫酸洗涤数次，再分别用水、10% 碳酸钠溶液和水洗涤。分离出苯，置于锥形瓶中，用无水氯化钙干燥 24h 后，水浴加热蒸馏，收集 79.5~80.5℃ 馏分。

10. 甲醇

沸点为 64.96℃，n_D^{20} 1.3288，d_4^{20} 0.7918。普通未精制的甲醇含有 0.02% 丙酮和 0.1% 水。而工业甲醇中这些杂质的含量达 0.5%~

1%。为了制得纯度达 99.9% 以上的甲醇，可将甲醇用分馏柱分馏，收集 64℃ 的馏分，再用镁去水（与制备无水乙醇相同）。甲醇有毒，操作时应防止吸入其蒸气。

11. 四氢呋喃

沸点为 67℃，n_D^{20} 1.4050，d_4^{20} 0.8892。四氢呋喃与水能混溶，并常含有少量水分及过氧化物。如要制得无水四氢呋喃，可用氢化铝锂在隔绝潮气下回流（通常 1000mL 需 2~4g 氢化铝锂）除去其中的水和过氧化物，然后蒸馏，收集 66℃ 的馏分（蒸馏时不要蒸干，将剩余少量残液倒出）。精制后的液体加入钠丝并应在氮气氛中保存。处理四氢呋喃时，应先用小量进行试验，在确定其中只有少量水和过氧化物，作用不致过于激烈时，方可进行纯化。四氢呋喃中的过氧化物可用酸化的碘化钾溶液来检验。如过氧化物较多，应另行处理为宜。

12. 吡啶

沸点为 115.5℃，n_D^{20} 1.5095，d_4^{20} 0.9819。分析纯的吡啶含有少量水分，可供一般实验用。如要制得无水吡啶，可将吡啶与颗粒氢氧化钾（钠）一同回流，然后隔绝潮气蒸出备用。干燥的吡啶吸水性很强，保存时应将容器口用石蜡封好。

13. 二甲基亚砜（DMSO）

沸点为 189℃（熔点为 18.5℃），n_D^{20} 1.4783，d_4^{20} 1.0964。二甲基亚砜能与水混合，可用分子筛长期放置加以干燥，然后减压蒸馏，收集 76℃/1600Pa（12mmHg）馏分。蒸馏时，温度不可高于 90℃，否则会发生歧化反应生成二甲砜和二甲硫醚。也可用氧化钙、氧化钡或无水硫酸钡来干燥，然后减压蒸馏。二甲基亚砜与某些物质混合时有可能发生爆炸，例如氢化钠、高碘酸或高氯酸镁等，应予注意。

14. N,N-二甲基甲酰胺（DMF）

沸点为 149~156℃，n_D^{20} 1.4305，d_4^{20} 0.9487。N,N-二甲基甲酰胺为无色液体，与多数有机溶剂和水可任意混合，对有机和无机化合物的溶解性能较好。N,N-二甲基甲酰胺含有少量水分，常压蒸馏时有些分解，产生二甲胺和一氧化碳。在有酸或碱存在时，分解加快。加入固体氢氧化钾（钠）在室温放置数小时后，即有部分分解。因此，最常用硫酸钙、硫酸镁、氧化钡、硅胶或分子筛干燥，然后减压蒸馏，收集 76℃/4800Pa（36mmHg）的馏分。当含水较多时，可加入其 1/10 体积的苯，在常压及 80℃ 以下蒸去水和苯，然后再用无水硫酸镁或氧化钡干燥，最后进行减压蒸馏。纯化后的 N,N-二甲基甲酰胺要避光贮存。N,N-二甲基甲酰胺中如有游离胺存在，可用与 2,4-二硝基氟苯产生颜色来检查。

附录3 常用干燥剂的性能与应用范围

干燥剂	吸水作用	吸水容量	干燥效能	干燥速度	应用范围
氯化钙	形成 $CaCl_2 \cdot nH_2O$, $n=1, 2, 4, 6$	0.97	中等	较快，但吸水后表面为薄层液体所盖，故放置时间以长些为宜	能与醇、酚、胺、酰胺及某些醛、酮形成配合物，因而不能用来干燥这些化合物；工业品中可能含氢氧化钙和碱或氧化钙，故不能用来干燥酸类
硫酸镁	形成 $MgSO_4 \cdot nH_2O$, $n=1, 2, 4,$ $5, 6, 7$	1.05	较弱	较快	中性，应用范围广，可代替 $CaCl_2$，并可用干燥酯、酮、腈、酰胺等不能用 $CaCl_2$ 干燥的化合物
硫酸钠	$Na_2SO_4 \cdot 10H_2O$	1.25	弱	缓慢	中性，一般用于有机液体初步干燥
硫酸钙	$2CaSO_4 \cdot H_2O$	0.06	强	快	中性，常与硫酸镁（钠）配合，作最后干燥之用
碳酸钾	$K_2CO_3 \cdot 1/2H_2O$	0.2	较弱	慢	弱碱性，用于干燥醇、酮、酯、胺及杂环等碱性化合物，不适于酸、酚及其他酸性化合物
氢氧化钾（钠）	溶于水	—	中等	快	强碱性，用于干燥胺、杂环等碱性化合物，不能用于干燥醇、酯、醛、酮、酸和酚等

续表

干燥剂	吸水作用	吸水容量	干燥效能	干燥速度	应用范围
金属钠	$Na+H_2O \rightarrow NaOH+ 1/2H_2$	—	强	快	限于干燥醚、烃类中痕量水分。用于切成小块或压成钠丝
氧化钙	$CaO+H_2O \rightarrow Ca(OH)_2$	—	强	较快	适于干燥低级醇类
五氧化二磷	$P_2O_5+3H_2O \rightarrow 2H_3PO_4$	—	强	快	吸水后表面为黏浆液覆盖,操作不便,适于干燥醚、烃、卤代烃、腈等中的痕量水分;不适用于醇、酸、胺和酮等
分子筛	物理吸附	约0.25	强	快	适用于各类有机化合物的干燥

冶金工业出版社部分图书推荐

书　　名	作　者	定价(元)
有机化学	常雁红	49.00
化学教学设计　化学(选修5)有机化学基础	吴晓红	38.00
化工原理	贾冬梅	
天然药物化学实验指导	孙春龙	16.00
生物技术制药实验指南	董　彬	28.00
生物质活性炭催化剂的制备及脱硫应用	宁　平	65.00
基于Excel的生物试验数据分析	马怀良	65.00
生物化学	黄洪媛	46.00
农村生物质综合处理与资源化利用技术	甄广印	48.00
典型微囊藻毒素微生物降解技术及原理	王俊峰	36.00
生物神经系统同步的抗扰控制设计与仿真	魏　伟	48.00